教育部人文社会科学青年基金项目"西北地区农村空心化形成机理与治理对策：基于日本经验的研究"（批准号：17YJC84003）成果之一

西北地区乡村收缩的形成机理与治理路径研究

XIBEI DIQU XIANGCUN SHOUSUO DE
XINGCHENG JILI YU ZHILI LUJING YANJIU

曹　瑾 著

西安交通大学出版社
XI'AN JIAOTONG UNIVERSITY PRESS

图书在版编目(CIP)数据

西北地区乡村收缩的形成机理与治理路径研究 / 曹
瑾著. -- 西安：西安交通大学出版社,2024.7.
ISBN 978 - 7 - 5693 - 3900 - 0

Ⅰ. TU982.29

中国国家版本馆 CIP 数据核字第 2024J7A896 号

书　　　名	西北地区乡村收缩的形成机理与治理路径研究	
著　　　者	曹　瑾	
责任编辑	柳　晨	
责任校对	杨　璠	
装帧设计	伍　胜	

出版发行	西安交通大学出版社
	（西安市兴庆南路 1 号　邮政编码 710048）
网　　址	http://www.xjtupress.com
电　　话	(029)82668357　82667874(市场营销中心)
	(029)82668315(总编办)
传　　真	(029)82668280
印　　刷	西安五星印刷有限公司

开　　本	700 mm×1000 mm　1/16　**印张**　11　**字数**　206 千字
版次印次	2024 年 7 月第 1 版　　2024 年 7 月第 1 次印刷
书　　号	ISBN 978 - 7 - 5693 - 3900 - 0
定　　价	98.00 元

如发现印装质量问题,请与本社市场营销中心联系。

订购热线:(029)82665248　(029)82667874

前　言

党的十八大以来，以习近平同志为核心的党中央坚持把解决好"三农"问题作为全党工作重中之重。党的十九大报告首次提出实施乡村振兴战略。党的二十大作出了全面建设社会主义现代化国家的战略部署，提出的全面推进乡村振兴、基本实现农业现代化，是实现第二个百年奋斗目标的重要内容，为我国新时代新征程的"三农"工作提供了行动纲领。

乡村收缩是城市化进程中伴生的一种乡村演化的正常现象，但其收缩过程中引发的一系列问题成为世界各国面临的新挑战和新命题，特别是我国在快速城镇化过程中出现了乡村空间扩张与人口流动趋势相悖、乡村建设用地扩张与房屋空废化并存等乡村收缩异象，已成为我国破解"新三农问题"所面临的重要挑战，也是西北地区新型城镇化、农业农村现代化进程中亟待解决的重大理论与政策难题。目前西北地区乡村作为生产要素的净流出地，乡村收缩引致的负面效应日益凸显，亟待治理。因此，对西北地区乡村收缩问题进行系统深入研究，是一个十分重要的课题。

日本早在 20 世纪 50 年代就出现了"向都离村"过疏化现象，从 60 年代开始，日本城市化进程中出现了"都市过密化-乡村过疏化"的城乡结构演化趋势和区域发展模式。为应对过疏化导致的一系列社会风险和乡村解体，日本国内开始实施乡村复兴计划和地域振兴战略，颁布了一系列政策措施，使得城乡地域的"过密化-过疏化"结构得到了实质性改善。对日本进入 21 世纪后过疏化主要特征与治理措施的研究，将有助于深化对当前中国乡村收缩问题的认识和研究。笔者所在的课题组曾赴日本宫崎县高原町和绫町进行了为期 6 天的实地调研。在调查过程中，对过疏化町村进行了半结构访谈，特别对日本过疏化措施的实施及效果进行了深入研究，以探究可供中国借鉴吸收的内容。

本书按照"问题剖析—实证研究—国外借鉴—治理措施"的思路,立足区域、县域、村庄三个层次,在借鉴国内外已有研究基础上,从中日对比视角出发,对乡村收缩的研究进展进行梳理。然后,回顾和总结了我国乡村收缩演化的历程及阶段特征。接着,以县域为单位,构建指标体系,定量测度西北各省县域乡村收缩的程度及地域分异特征,定量判定乡村收缩的发展阶段。在此基础上,从城乡要素交换视角深入剖析西北地区乡村收缩的形成机理及影响。之后,介绍日本治理过疏化的主要经验及措施。最后,在充分借鉴日本治理经验教训的基础上,提出西北地区乡村精明收缩的治理措施及政策建议。

本书的研究工作得到教育部人文社会科学青年基金项目"西北地区农村空心化形成机理与治理对策:基于日本经验的研究"(批准号:17YJC84003)、甘肃省住房和城乡建设厅河西走廊城镇发展(城市文脉)研究(批准号:H2018013)和河西学院河西走廊生态经济研究中心的资助和支持,部分研究内容为国家社会科学基金重大项目"全面建成小康社会背景下新型城乡关系研究"(批准号:17ZDA066)的阶段性成果。

本书撰写过程中得到复旦大学高帆教授、焦必方教授的悉心指导与耐心帮助,日本大阪公立大学堀口正教授在日本实地考察中给予大力支持,河西学院唐志强教授、兰州财经大学刘焱副教授参与了本书大量的编校工作;研究生梁霄同学参与了数据处理和核查;西安交通大学出版社柳晨女士为本书的出版付出了辛勤的劳动。在此谨对参与本课题研究和在本书写作过程中给予帮助和支持的各位师友表示衷心的感谢!

乡村收缩是一个研究价值与研究难度均较大的命题,本书研究中难免存在疏漏,恳请专家学者批评指正。

笔者

2024 年 1 月

目　　录

第一章　绪　论 ……………………………………………………………… 1

　第一节　研究背景与意义 ………………………………………………… 1

　第二节　理论基础 ………………………………………………………… 5

　第三节　研究的思路和方法 ……………………………………………… 8

　第四节　研究创新点及不足之处 ………………………………………… 10

第二章　国内外研究进展：基于中日比较视角 …………………………… 12

　第一节　关于乡村收缩内涵与特征的研究 ……………………………… 12

　第二节　关于乡村收缩程度测度与影响因素的研究 …………………… 16

　第三节　关于乡村收缩空间类型与发展阶段的研究 …………………… 19

　第四节　关于乡村收缩形成机理与效应的研究 ………………………… 20

　第五节　关于乡村精明收缩的路径研究 ………………………………… 24

第三章　城乡关系下我国乡村收缩的历史沿革 …………………………… 30

　第一节　改革开放前乡村收缩的发展历程 ……………………………… 31

　第二节　改革开放后乡村收缩的发展历程 ……………………………… 35

第四章　西北地区乡村收缩程度的综合测度 ……………………………… 49

　第一节　指标体系、数据来源与研究方法 ……………………………… 50

　第二节　甘肃省乡村收缩程度的综合测度 ……………………………… 52

　第三节　陕西省乡村收缩程度的综合测度 ……………………………… 64

　第四节　青海省乡村收缩程度的综合测度 ……………………………… 76

　第五节　宁夏回族自治区乡村收缩程度的综合测度 …………………… 86

第五章　城乡转型背景下乡村收缩的形成机理研究 ……………………… 93

　第一节　乡村收缩的宏观形成机理 ……………………………………… 93

　第二节　乡村收缩的微观形成机理 ……………………………………… 99

第六章　日本过疏化治理措施及启示 ·· 113

　第一节　研究区概况 ·· 114

　第二节　日本过疏化措施的实施及效果 ································ 115

　第三节　日本治理过疏化的启示及借鉴 ································ 120

第七章　西北地区乡村精明收缩的实现路径 ···························· 124

　第一节　乡村精明收缩的内涵与特点 ·································· 125

　第二节　乡村精明收缩的目标与任务 ·································· 127

　第三节　乡村精明收缩的思路与原则 ·································· 128

　第四节　西北地区乡村精明收缩面临的挑战与困境 ···················· 131

　第五节　西北地区乡村精明收缩的实现路径 ·························· 136

　第六节　结论与展望 ·· 149

参考文献 ·· 152

附录 ·· 166

第一章　绪　论

第一节　研究背景与意义

一、研究背景

如何全面推进乡村振兴、推进农业农村现代化建设、促进城乡融合发展是实现共同富裕的重要课题。十九大报告指出，中国特色社会主义进入新时代，我国社会主要矛盾已经转化为人民日益增长的美好生活需要和不平衡不充分的发展之间的矛盾。党的二十大报告要求，坚持农业农村优先发展，坚持城乡融合发展，畅通城乡要素流动。改革开放以来，随着中国工业化、新型城镇化的快速发展，大量农村人口尤其是青壮年劳动力"背井离乡"进城务工，乡村常住人口不断减少，人口老龄化，很多乡村出现了空心化现象并导致乡村衰退，造成了农村人才流失、土地房屋撂荒闲置、基础设施配置和公共服务水平不断降低、居住环境恶化，引发"农业接班人危机"，农业基础地位受到严重冲击，也使农业农村现代化建设的进程受到阻碍。第七次全国人口普查数据显示，2020 年我国常住人口城镇化率为 63.89%，户籍人口城镇化率为 45.4%，距离发达国家 80% 的平均水平仍有较大差距。国家发展和改革委员会公布的《"十四五"新型城镇化实施方案》提出，到 2025 年，全国常住人口城镇化率稳步提高，户籍人口城镇化率明显提高，户籍人口城镇化率与常住人口城镇化率差距明显缩小。由此判断，乡村人口流出的趋势在未来很长时间内不会改变，乡村收缩与重构是必然趋势[1]。

乡村收缩具有两面性。一方面，数量庞大的青壮年劳动力进城，给城市输送了源源不断的建设力量，为城市经济的发展和城市生活质量的提高做出巨大贡献[2]。2022 年，中国农民工数量已达到 29562 万人①。另一方面，乡村收缩也导致乡村缺乏建设主体、产业衰退、资源开发使用效率低、村庄空心化等诸多问题[3]，特别是在乡村常住人口减少的同时，许多乡村出现了房屋的空废化与居住

---

① 国家统计局.2022 年农民工监测调查报告[EB/OL].(2023 - 04 - 28)[2023 - 09 - 16].https://www.stats.gov.cn/sj/zxfb/202304/t20230427 _ 1939124.html.

空间增长并存的现象。据统计,2010—2020 年,中国乡村人口从 6.711 亿下降至 5.097 亿,以每年 2.79% 的速度减少,而农村宅基地面积却从 10 万平方千米增长到 18.6 万平方千米,以每年 6.4% 的速度增加。这种人地关系的不平衡严重制约了和美乡村的建设,已成为现阶段建设农业强国、有力有效推进乡村全面振兴的难点之一。对此,如何应对乡村收缩事实,化解"人缩地扩"矛盾,提高乡村资源利用效率,促进乡村健康有序发展,是新时期乡村全面振兴背景下亟需关注和研究的重要现实问题。

乡村收缩是人类社会发展的必然过程,是缓解乡村人地关系、实现乡村地域高质量发展的关键议题[4]。乡村收缩在我国有农村空心化、空壳村、空心村、空洞村、聚落空废化等概念。欧美发达国家在快速城镇化进程中均出现过乡村地区人口减少、乡村衰落等问题[5-7],日本城镇化进程中的地域过疏化问题[8],都与我国早期提出的农村空心化问题有相似之处[9,10],比如英国、美国、德国在 20世纪初都在忧虑许多农村地区人口减少和缺乏熟练劳动力以及土地抛荒等现象[11,12]。与欧美国家相比,日本与中国同属东亚小农国家,都面临着人多地少、劳动力流失、城乡资源分配不均衡等相似的挑战,因此其乡村收缩治理经验更具参考价值。自 1955 年以后,日本经济高速增长,以农村(含山村、渔村)人口为主体的地方人口迅速被城市特别是大城市所吸收,导致了 1960 年代到 1970 年代日本人口社会性减少及随之而来的地区间社会经济发展的不平衡,城乡社会出现了所谓"过密"和"过疏"问题[13]。后来,1990 年代又开始了人口转移,但这时期的特点是人口自然减少,少子化、老龄化和过疏化成为当时日本所有乡村都面临的问题。21 世纪以后,很多日本村落开始消失。日本科技创新最新研究表明,由于受到少子化、老龄化、过疏化的影响,到 2040 年左右,日本可能消失的市区町村有 896 个。中国从 2000 年以后出现了大规模的人口流动,从官方统计数字来看,中国农村常住人口已经由 2000 年的 80739 万人下降到 2020 年的 50979万人;在 2000 年时,0～14 岁的人口占比为 22.89%,但到 2020 年时减少到17.95%;而 60 岁以上的人口比例从 2000 年的 10.46% 增加到 2020 年的18.70%;自然村数量由 2000 年的 363 万个减少到 2020 年的 236.3 万个,20 年内减少 126.7 万个自然村。另据媒体报道,很多村落已经沦为一人村或一户村。中国科学院地理资源所刘彦随研究员和他的课题小组调查发现,目前中国传统农区约四分之一至三分之一的农村出现了程度不同的收缩问题。

乡村收缩现象日趋严重,引起了各国的高度重视。日本政府于 1967 年 3 月在关于《经济社会发展计划》的内阁决议的正式文件中首次使用了"过疏"这一词语,并于 1970 年 4 月 24 日正式颁布并实施《过疏地域对策紧急措施法》(简称《紧急措施法》),之后相继颁布实施了《过疏地域振兴特别措施法》(1980—1989 年)、

《过疏地域活性化特别措施法》(1990—1999 年)、《过疏地域自立促进特别措施法》(2000—2020 年)、《过疏地域可持续发展特别措施法》(2021 年)等专门政策法规,从产业发展、设施建设、环境改善、文化振兴以及福利提高等方面制定具体目标以支持过疏地域发展。2004 年中国《国务院关于深化改革严格土地管理的决定》提出,鼓励农村建设用地整理,城镇建设用地增加要与农村建设用地减少相挂钩。《全国土地利用总体规划纲要(2006—2020 年)》强调稳步推进农村建设用地整治,加强对空心村用地的改造,并且强调加强农村宅基地管理,农民新建住宅应优先安排利用村内空闲地、闲置宅基地和未利用地。中国政府 2013 年中央一号文件指出:"农村劳动力大量流动,农户兼业化、村庄空心化、人口老龄化趋势明显,农民利益诉求多元,加强和创新农村社会管理势在必行"。2015 年中央一号文件针对农村人居环境、农村老龄化、农村空心化等问题,提出加快提升农村基础设施水平,推进城乡基本公共服务均等化,全面推进农村人居环境整治,提升农村社会文明程度,让农村成为农民安居乐业的美丽家园。2016 年中央一号文件要求各地要"积极培育家庭农场、专业大户、农民合作社、农业产业化龙头企业等新型农业经营主体"。2018 年中央一号文件聚焦乡村振兴。《乡村振兴战略规划(2018—2022 年)》将村庄分为集聚提升类、城郊融合类、特色保护类、拆迁撤并类以更有针对性地推进乡村发展。2020 年中央一号文件明确提出要"加快补上农村基础设施和公共服务短板","完善农村留守儿童和妇女、老年人关爱服务体系"。同年发布的《中共中央　国务院关于构建更加完善的要素市场化配置体制机制的意见》中针对农村土地长期被排斥在土地市场之外、农村转移人口难以市民化等问题,提出"加快修改完善土地管理法实施条例,完善相关配套制度,制定出台农村集体经营性建设用地入市指导意见","放开放宽除个别超大城市外的城市落户限制,试行以经常居住地登记户口制度。建立城镇教育、就业创业、医疗卫生等基本公共服务与常住人口挂钩机制"等举措,以清除阻碍城乡要素自由流动的体制机制障碍。党的二十大报告指出"共同富裕是中国特色社会主义的本质要求"。为实现共同富裕目标,需要重点关注补齐落后地区短板,促进区域平衡发展。目前,西北地区乡村作为生产要素的净流出地,乡村收缩问题日益凸显,一些郊区和边远乡村甚至处于衰败的境地。尽管相关研究已经开始认识到乡村收缩的严峻现实,但是无论是希冀通过外部投入扭转收缩,还是顺应趋势强调乡村空间的精明收缩,都没有形成能够引导收缩区域可持续发展的完整理念,而且在收缩乡村治理实践中还存在消极抵制收缩与过分聚焦空间的误区[14]。因此,对西北地区乡村收缩问题进行系统深入研究,有力有效推进乡村全面振兴,合理配置土地资源,协调乡村人地关系,增强乡村农业生产功能,实现农村生产、生活及生态空间的重构与优化,激发乡村发展的内生动力,迫在眉睫，势在必行。

二、研究价值

乡村收缩是城市化进程中伴生的一种乡村演化的正常现象，但其收缩过程中引发的一系列问题成为世界各国面临的新挑战和新命题，特别是我国在快速城镇化过程中出现了乡村空间扩张与人口流动趋势相悖、乡村建设用地扩张与房屋空废化并存等乡村收缩异象[15]，已成为我国破解"新三农问题"所面临的重要挑战，也是西北地区新型城镇化、农业农村现代化进程中亟待解决的重大理论与政策难题。日本已有50多年研究和治理过疏化的历史，积累了正反两方面的经验，目前以"内生开发"为主的收缩治理策略非常值得参考。本书试图回应我国的乡村收缩经历了怎样的发展历程、乡村收缩有怎样的时空特征、有哪些典型的乡村收缩地区、导致乡村收缩的主要成因有哪些等热点问题并弥补已有研究的缺陷。

（一）理论价值

本书试图跨学科，多视角运用农村经济学、社会学、生态学的相关原理，从城乡要素交换视角提出深入剖析乡村收缩演变机理的分析框架，为研究乡村收缩问题提供逻辑起点。然后，通过梳理新中国成立以来我国户籍制度、农村土地制度改革的内容及产生的政策影响，揭示乡村收缩演化的历程及阶段特征。之后，在实证研究的基础上对西北地区乡村收缩演化规律形成机理进行系统阐述，以丰富和发展乡村收缩研究的理论体系。接着，系统介绍日本治理过疏化的经验，并指出其中可借鉴之处，以拓展乡村收缩的研究视野。最后，借鉴精明收缩理论，提出切实可行的治理对策与措施，为西北地区解决乡村收缩问题提供新的思路和理论依据。

（二）应用价值

随着新型城镇化进程的加快，西北地区乡村作为生产要素的净流出地，乡村收缩问题日益凸显，亟待应对。所以，本书对破解西北地区日益凸显的乡村收缩问题，化解其负面效应具有实践指导意义，也有利于突破更广范围的乡村收缩治理困境。具体包括四个方面：①有助于化解"人缩地扩"矛盾，合理调整各地村庄、产业和公共服务的规划和布局，提高乡村土地利用效率，促进乡村空间健康有序发展；②有助于激发西北地区乡村自身"造血"能力，保障粮食安全的同时促进农村土地资本化和增加农民资本性收益，促进乡村可持续发展；③有助于增加乡村内生发展活力，保持乡村地域系统良性发展，确保乡村振兴战略顺利实施；④有助于为促进我国乡村精明收缩综合防范调控提供科学依据，推进城乡融合互补协同发展；有助于促进国家基层治理体系与治理能力现代化建设。

第二节　理论基础

一、推拉理论

1885 年及 1889 年，英国经济学家、社会学家拉文斯坦（Ravenstein）在两篇均名为《迁移法则》（即移民法则）（The Laws of Migration）的论文中提出了十条人口迁移法则，其核心思想是人口迁移往往是双向的，以短距离为主，净迁移率与迁移的距离成反比，人口迁移又是呈阶梯式地发生，人口先从乡村迁移到城镇的周围地带再迁移到城镇，乡村居民比城市居民更富有移民的倾向，短距离迁移中女性为主，改善生活质量的经济因素是引起迁移的主要动力，经济与交通的发展都会刺激移民的增加，人口迁移的主要方向是大商业与工业中心城市，大多数移民是年轻人，最终导致很多大城镇的发展主要借助移民的推动，而不是依靠它们自身的增长。

20 世纪 60 年代，美国学者巴格内（Bagne）和英国学者李（Lee）基于拉文斯坦的理论，提出了推拉理论，首次明确了影响人口迁移的关键因素，即推力和拉力。他们认为人口流动是这两种相反力量共同作用的结果。乡村流出人口主要受资源枯竭、环境恶化、就业不足、农业生产成本增加、较低收入等因素推动，这些因素使得乡村地区的居民面临较大的生存压力，促使他们寻求更好的发展机会。城市流入人口则受到更好的就业机会、更高的收入、优质教育资源和完善公共基础设施等因素吸引。但乡村也存在阻碍人口流出的因素，如安土重迁和社交网络，城市则也有阻碍人口流入的因素，如就业竞争和陌生环境使得很多人望而却步，降低了流入的意愿。人口流动的最终方向取决于流入地和流出地促使人口转移和阻碍人口转移的各项因素中哪一股力量起主导作用。这需要对各种因素进行综合分析和权衡，以得出更准确的结论。

城乡要素流动和乡村要素结构演变两者之间的综合作用演化出乡村收缩现象，如果将邻里关系、乡土观念等看作向心力，将乡村收入、投资、非农就业等视为离心力，那么在乡村收缩的初期，乡村系统自我推力与城镇对乡村系统的拉力结合而成的乡村系统的离心力，远远高于城镇系统产生的推力与乡村系统自身的拉力所组成的向心力；而在乡村收缩的发展阶段，离心力保持着绝对的上升趋势，乡村收缩也随之加快。如果乡村系统由于受某些外部制约因素产生的作用，致使向心力与离心力逐渐达到均衡状态，那么乡村收缩将趋于稳定。当乡村系统规划引领作用与外界制度约束得以发挥作用时，乡村系统的向心力将会超越离心力，使得乡村收缩逐步进入衰退期，甚至变成"充实"状态，乡村收缩现象得以改善。

二、城乡融合理论

城与乡是由一定结构组成的有机整体，城与乡相互作用、相互影响、相互促进、相互共生。我国城乡发展战略经历了城乡统筹、城乡一体化，再到如今的城乡融合发展。城乡融合发展战略以乡村振兴与新型城镇化为抓手，确保城镇乡村协调发展，促进资源要素城乡双向流通，形成城乡互促的城乡关系，是从城乡二元分离到城乡成为一个整体的系统，其最终目的是消除城乡发展差距，为城乡居民自由平等发展提供保障[16]。城乡融合发展的实施侧重于从制度变迁视角来冲破障碍，创新体制和机制，推动城乡要素的自由流动，引导社会力量共同参与城乡发展，使城乡居民面对更均等的发展条件和更高效的市场秩序，实现城乡发展的共建共享共治。以制度变迁影响主体行为、以主体行为影响城乡关系，这是城乡融合发展实现的内在逻辑[17]。在乡村收缩问题的治理上，需充分结合城乡协调发展理念，注重区域间的协调性，统筹规划以尽量避免城市发展过快而农村发展过缓问题，以实现农村与城市的均衡发展和良性循环。

三、公众参与理论

现代公众参与概念的提出，最早源于 20 世纪 30 年代的西欧比较政治学，意指普通公民通过对政治事务的参与成本与利益进行评估，选择合适的参与途径去参与社会政治生活，从而影响相关的政治决策[18,19]。

公共参与理论在推进我国公共事务管理的过程中起到了非常大的作用，它主要是强调各级政府机关与企业、社区等其他单位组织之间，或者公民与政府机关存在矛盾需要调节的情况下，政府机关应该积极主动地听取相关单位和公民的意见，以双向交流为主，互联互通，通过相互之间的沟通交流以期望矛盾得到彻底解决，不能片面地解决问题，强调的是公众的参与热情，调动群众的参与热情，发挥群众的主观能动性，以此来缓解政府机构等公共部门和公民之间的矛盾。群众是参与和解决我国乡村收缩的主力，要积极鼓励群众参与进来，通过发挥群众的力量实现乡村收缩的治理。

四、协同治理理论

协同治理理论的形成并非偶然，而是随着人类社会不断发展、社会分工不断优化以及合作环境逐步改进，形成的一种以人为主体的、动态的、互动的、开放的治理模式。联合国治理委员会认为协同治理是指个人、团体机构或者政府机构在不存在利益冲突的前提下，为达到某种目标，通过多种途径共同处理问题以化解冲突或矛盾，是公共的或私人的、个人和机构管理其事务的诸多方式的总和[20]。协同治理理论的核心思想在于强调政府、公民、社会组织等多元主体之间的合作与协同，共同参与公共事务的决策、执行和监督过程，以实现公共利益的优化和公共服务的提升。在乡村收缩治理过程中，为了避免过度依赖政府作为治理主体的管理思路，需要坚持以政府政策为指导，以实现公共利益最大化为目标。在此过程中，应充分调动村民、村委、企业、市场、社会等多方角色，充分发挥村民主体性作用，通过信息共享、资源整合、利益协调等方式，协同制定治理方针，共同承担治理责任，分享治理成果。充分尊重收缩乡村的居民感受，凸显村民、村干部治理主体的主动作用，以收缩乡村居民在生产生活中遇到的困难和问题为切入点，整合市场、企业和其他社会力量，针对具体存在的问题提出切实可行的解决方案，并根据收缩乡村的发展演变，及时调整治理策略和措施，以适应不断变化的环境和需求，实现全民参与治理的一种共同获益的模式。在协同治理理论的指导下，构建一个以留守村民为中心，政府、企业、市场、社会共同参与的治理模式。这种模式不仅可以避免单一主体治理带来的问题，还可以通过多方协作，更好地解决收缩乡村居民面临的生产生活问题。同时，这种模式也有助于提高收缩乡村居民的参与感和获得感，推动乡村的可持续发展。

五、精明收缩理论

精明收缩理论源自德国东部前社会主义城市的管理模式，主要是资源型城市应对经济衰退、人口外流等问题，通过合理精简，以多种方式提升收缩型城市活力，维持城市居民生活质量。2002年，罗格斯大学的弗兰克·波珀（Frank Popper）和其夫人首次将精明收缩理论定义为"更少的规划、更少的人、更少的建筑以及更少的土地利用"[21]。该理论的核心思想是承认收缩是正常现象，应该以积极乐观的态度倡导在更小土地范围内、更少建筑、更少人口数量背景下制定适宜的规划，通过突出地方优势来应对一个地方规模变小、人口减少、经济衰退的收缩现象。一个地区可以减少人口，但要满足留守人口的需要，确保地区生活品质与活力，保持经济增长，以实现地区的更好发展。

随着工业化、城市化进程的加速，乡村同样面临着因人口流失带来的各种发展问题。一方面，乡村收缩在某些方面既体现出了一定程度的人地关系失衡，也表现出一定的脆弱性；另一方面，乡村的收缩也可以看作积极重塑乡村社会经济结构、改善生活质量的机会。乡村精明收缩是基于人口缩减、乡村活力下降的事实，合理有序推进农业转移人口市民化和城乡人口双向自由流动。以乡村人口、乡村空间和乡村产业为重点关注对象，采取主动积极态度，以空间重构和功能优化为手段，在合理调配乡土资源的基础上，依据区域人口流动和城镇发展趋势，制定产业引导策略，充分发展本地资源禀赋优势的、具有增长潜力的乡村产业，减少建设用地增量规划，开展农村土地低效闲置整治，引导收缩型村庄人口、土地等要素有序退出或重组，促进人才、资金等要素的城乡双向自由流动，恢复乡村社会的自发秩序，实现土地的高效集约利用和空间有序发展，以局部区域的收缩换取区域整体效益的增长，使乡村在收缩的同时保持或者提升原有活力。因此，乡村精明收缩与乡村振兴可以并行不悖，乡村精明收缩强调如何科学合理地规划运用好现有的资源禀赋，同时进行合理增长，留守乡村与流出乡村"人"的共同发展才是乡村振兴和新型城镇化的核心所在。当前，中国的社会主要矛盾已发生根本性变化，而乡村发展的意义也在于让乡村生活更美好。乡村精明收缩是实现乡村可持续高质量发展的重要途径。

第三节　研究的思路和方法

一、研究目标

(一)总体目标

从综合学科视角出发，基于第五次、第六次、第七次全国人口普查数据，定量测度西北地区乡村收缩程度及地域分异特征，在此基础上，试图通过广泛的田野调查和数据统计，把视野放在西北地区已经出现较为严重收缩的乡村聚落上，从驻村干部、留守农户及返乡农民工的角度探寻收缩乡村发展的真实境况，识别影响乡村收缩进程的关键因素，进而对实证结果进行深入的理论研究，以揭示西北地区乡村收缩的内在机理，借鉴日本治理过疏化的成功经验，提出切实可行的乡村收缩治理对策和措施。

(二)具体目标

①借鉴贫困指数、人类发展指数和日本"过疏市町村"等概念对乡村收缩进行界定，从城乡要素交换视角构建乡村收缩演变机理的理论分析框架；②以县域为基本单位，综合测度西北地区县域乡村收缩的程度，探明乡村收缩地域分异规律；③从宏观、微观两个层面，揭示乡村收缩的形成机理；④借鉴日本治理过疏化的经验，提出切合实际的西北地区乡村精明收缩治理对策和措施。

二、研究思路

本书立足区域、县域、村庄三个层次，首先在借鉴已有研究基础上，从中日对比视角出发对乡村收缩研究进展进行梳理。然后，回顾和总结了我国乡村收缩演化的历程及阶段特征。接着，以县域为单位，构建指标体系，定量测度西北各省(区)县域乡村收缩的程度及地域分异特征,定量判定乡村收缩的发展阶段。在此基础上,在宏观、微观两个层面,从城乡要素交换视角深入剖析西北地区乡村收缩的形成机理及影响,明晰乡村精明收缩的治理重点。之后,介绍日本治理过疏化的主要经验及措施。最后,在充分借鉴日本治理经验教训的基础上,提出西北地区乡村精明收缩的治理措施及政策建议。

本书的研究框架如图1-1所示。

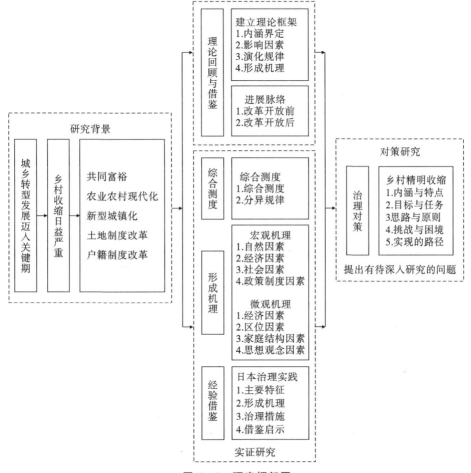

图1-1 研究框架图

三、研究方法

本书严格遵循"定性—定量—定性"的过程,把定性分析与定量分析有机结合,具体如下。

(1)文献分析法。收集、整理并分析与乡村收缩研究相关的国内外文献资料,充分查阅业内专家的专著，为后续的实证研究奠定理论基础。

（2）比较研究法。从研究视角、形成机理、治理重点等多个方面对中日乡村收缩的差异进行比较分析，以提炼出可借鉴的治理经验。

（3）实地调研法。本书的选题首先源自对现实中乡村收缩现象的观察。通过问卷调查、观察和深度访谈等手段获得乡村收缩现状的一手资料，以便更深入地揭示乡村收缩的演变过程及未来发展趋势。

（4）统计分析法。在对评价指标体系优化的基础上，以县域为基本单位，运用综合指数法、核密度估计法、空间自相关分析法等方法，测算西北各省（区）县域乡村收缩的程度，根据测算结果对乡村收缩的程度进行划分。

第四节　研究创新点及不足之处

一、研究创新点

第一，视角创新。虽然有关学者的研究涉及乡村收缩问题，但从中日比较视角进行探讨的研究成果较少。此外，现有研究多从省、县或村单一视角出发进行研究，本书从"省—县—村"系统视角对乡村收缩现状及问题进行阐述。

第二，内容创新。有效运用借鉴相关理论研究成果，比如推拉理论、协同治理理论、精明收缩理论等，解释和归纳乡村收缩的演化形成机理，其创新之处在于：①运用政策文本的基本研究方法，梳理新中国成立以来我国户籍制度、农村土地制度改革的内容及产生的政策影响，进而揭示乡村收缩演化的历程及阶段特征。②已有研究中提出的乡村收缩测度指标体系与评价方法，要么过于复杂，要么数据不易获取，不具有普适性，不利于政府进行乡村收缩监测预警，本书优化了乡村收缩的综合测度指标体系，划分了评价标准。新建指标体系简单，数据可得，便于识别监测预警。在创新理论研究的同时，结合西北地区乡村收缩的现实与未来，不仅借鉴日本政府过疏化治理的经验，还以甘肃省收缩乡村为例进行实证研究。③提出要加强村庄规划管理、保护生态环境，促进县域经济发展、缩小城乡差距，重构村庄价值认同、传承乡村文脉，破解城乡二元结构、推进城乡融合，强化多元协同治理、塑造内生发展结构等促进西北地区乡村精明收缩的政策建议。

第三，方法创新。在创新研究逻辑"理清概念—梳理演化历程及阶段特征—综合测度—归纳形成机理—借鉴日本经验—提出治理路径"的基础上，在方法上实现五个结合：①规范研究和实证研究相结合。通过文献检索了解中日两国乡村收缩研究进展及相关理论。②问卷调查与深度访谈相结合。通过对典型收缩村落的实地考察，与村干部、留守农户深度访谈，调查乡村收缩的现状，了解村干部、农户需求，总结微观形成机理，汲取推动西北地区乡村精明收缩的良好措施与成熟经验，以便优化治理措施。③对比分析与对策分析相结合。对日本和中国乡村收缩的治理措施进行比较研究，以便扬长避短，在测度指标的选取、标准制定及形成机理总结等方面以经验借鉴与对策分析进行制度设计。④定量分析与定性分析相结合。根据研究需要对收集的资料进行相应的定性分析后，再借助现代统计软件整理汇总与分析。

二、研究的不足及展望

本书基于中日比较研究的视角对乡村收缩的研究进展进行了梳理，力图通过定量化的方式对西北地区乡村收缩进行综合测度，并通过对典型收缩村落的实地调研，深入了解乡村收缩的现状，包括人口的收缩、土地的荒废、经济的收缩、社会的收缩等方面，在此基础上总结了西北地区乡村收缩的宏观、微观形成机理，并在对日本过疏化特征总结、治理经验借鉴的基础上提出西北地区乡村收缩的治理措施。但由于数据和资料获取的限制，在研究中利用人口普查数据资料仅考虑了 2000 年、2010 年、2020 年甘肃、青海、陕西、宁夏等县域乡村收缩的测度，指标标准的划分也缺乏不同省域层面的综合考察，在典型村庄实地调研中，大多数村庄缺乏村史资料的保存，缺乏对收缩村落形成发展的整体考察，有待今后研究时加以考虑。今后，我国乡村收缩的研究还须重视以下几个方面。

一是完善乡村收缩程度的评价指标体系和模型。村庄数据的缺乏影响并增大了乡村收缩程度综合评价的难度。在指标选取上，很多对乡村收缩有重要影响的指标，如宅基地空废化的面积、耕地撂荒的面积等数据缺乏科学的统计。我国幅员辽阔，省域及省内各地区发展的差异性较大，使划分标准的普适性受到影响，这也是今后乡村收缩的综合测度评价中应该完善的。

二是加强对省内县域经济的研究。乡村收缩的形成发展受地缘关系及本地区经济发展水平影响较大，在今后的研究中应尽可能地获取县域经济发展状况，并对县域经济与乡村收缩的关系、新型城镇化与乡村收缩的关系、乡村振兴与乡村收缩的关系进行深入研究。

三是加强理论探索，进一步深化研究。我国各地区资源禀赋差异较大，乡村收缩的形成具有复杂性和广泛性，今后对我国乡村收缩的形成发展机理还有待进一步深入研究，对理论的探索还有待加强，应进一步深入剖析不同类型收缩村落的形成发展机理，总结成熟的治理经验，并进行理论升华。

第二章 国内外研究进展：
基于中日比较视角

"收缩"（shrinking）一词来源于城市收缩这一概念，由 Häubermann[22] 于 1988 年提出，逐渐与表达负面含义的"衰败"（decline）分离，成为学界描述地区人口、经济等领域发生规模（或水平）下降的中性名词。多年来，大城市收缩的特征、模式和机制引起了学者们的关注，然而，乡村收缩的问题尚未得到充分讨论。农业劳动力的非农转移是城市化的主要动力之一。在城市化进程中，世界上很多国家都曾出现过由于农业劳动力向城市迁移而带来的城乡失衡问题。国际上学者将此类现象称为乡村收缩[23]、乡村衰退[24,25]或过疏化等，而我国学者早期多从空心化视角进行讨论。从全球范围看，亚洲国家特别是东亚国家正面临着严重的国家人口减少和严重的乡村收缩发展[26]。早在 20 世纪 60 年代，作为日本经济奇迹的直接后果，过疏化即成为日本学术界热议的焦点，而中国真正面临此问题则是在 20 世纪 90 年代中后期。中日两国众多学者也从不同的方面对此问题进行了研究，涉及乡村收缩的内涵与特征、机制、类型、过程、影响因素、综合评价、促进措施等多方面。本章在梳理国内外研究进展的过程中，将重点放在中日两国研究比较。

第一节 关于乡村收缩内涵与特征的研究

长期以来，学术界尚未对乡村收缩的概念和科学内涵形成统一认识。目前关于乡村收缩以及类似概念，比如乡村空心化、过疏化、限界集落或空心村（又称空洞村）的界定，中日两国学术界具有代表性的观点包括以下几种。

一是从人口学角度解释。日本学者伊藤善市认为，所谓过疏地域，是指人口大幅度减少导致社会障碍和困难，使得维持一定生活水平变得具有挑战性的地区[27]。但冈桥秀典指出，如果将"过疏"简化为人口问题，会使理解有停留在现象表面的倾向[28]。金科哲认为，经济高速发展的过程中，村落失去了维持适当人口规模的自我调整功能是过疏现象产生的根源[29]。欧洲空间规划观测网络（European Spatial Planning Observation Network，ESPON）发布的报告中，从人口代际减少角度将在大于或等于一代人的时间内失去了相当大比例人口的区域界定为收缩区域，并区别了由人口迁移驱动的主动收缩和人口结构变化引起的遗留收缩①。中国学者周祝平、郑殿元等提出，乡村人口空心化是指乡村青壮年劳动力大量流入城市，致使乡村优质劳动力大量流失，乡村剩下的人口大多数是老人、妇女和儿童，导致乡村人才和人力资源短缺的情况，即"38、61、99"现象[30,31]。焦林申等将常住人口少于户籍人口或常住人口持续减少、住宅等建筑物出现空置或荒废的乡村定义为收缩乡村[15]。董朝阳等从乡村收缩的显性表征出发，将乡村人口收缩定义为乡村地区人口、劳动力的流失，以及老龄化人口的上升[4]。中日两国学者都是"以人口大量减少"这一环境条件为前提，但与日本人口"迁移"减少、完全脱离乡村不同的是，中国是"流动"减少，经历了"离土不离乡"到"离土离乡"再到"离土离乡不守土"三个阶段[32]。此外，日本学者更关注剩余人口能否无障碍地维持正常生活和生产。

二是从经济社会学角度解释。日本学者安达生恒、内藤正中等从地域社会学角度将人口急剧减少前提下的乡村居民意识消沉和生产、生活基础设施的崩解，导致社会生活发生障碍和困难，难以维持一定生活水准的地域称为"过疏"[33,34]。1993年出版的日本《新社会学辞典》对"过疏"做了比较全面的解释："所谓过疏，是乡村人口和农家户数发生急剧大量外流，导致其地域居民的生产和生活发生诸种障碍，使地域生产缩小，生活发生困难，最终导致村落社会自身崩坏的过程。"金科哲认为学术概念的"过疏"要从两个角度进行把握，一是大城市战略下，乡村社会被排除在国民经济之外或从属地被纳入市场经济的过程中所引起的经济结构性转变；二是乡村社会的自我调节机制因无法承受外部环境的剧烈变化而停止运作[29]。乘本吉郎认为村庄的收缩并不是指村庄的完全消失，而是指村庄失去自主性和特性的状态[35]。大野晃将过疏化地区65岁以上的老年人超过村落人口的50%，社会共同活动功能下降，难以维持社会居民自治管理的村落定义为"限界集落"[36]。小田切德美认为，日本过疏化的三个特点是人口收缩、土地收缩和村庄治理功能收缩[37]。中国学者武小龙等将村社结构不能有机整合导致对应功能运转不畅所引发的乡村社会整体运转失序的状态定义为"村社收缩"[38]。徐勇认为乡村收缩不仅仅是指居住空间和人口数量的变化，而且是支撑乡村发展的资金、技术、知识、人才和需求等资源大量流失所导致的乡村治理手段的匮乏以及乡村发展的困境[39]。陈家喜等进一步指出乡村空心化是农业生产、乡村经济、

---

① ESPON. ESPON policy brief on shrinking rural regions[R/OL]. (2022 – 12 – 15)[2023 – 09 – 16]. https：//www. espon. eu/rural – shrinking.

社会管理、公共服务、基层民主乃至社会心理等方面出现的迟滞、弱化与退化现象[40]。Hospers 认为乡村收缩是一种或多种经济、空间、人口和政治力量作用的复杂过程，最终引发从硬件到软件再到思维的向下负向螺旋[41]。胡航军等认为乡村收缩的过程也是原有社会功能消亡的过程[14]。当然，也有一些学者对此持不同的观点，比如马良灿等认为"村落空巢化"更能概括处于转型和流变中的中国村落社会的本质属性[42]。

三是从空间地理学角度解释。1970 年日本颁布的《过疏地域对策紧急措施法》中将"过疏地域"定义为"由于人口迅速减少，当地社会基础发生变化，难以维持生活水平和生产功能的地区"。早期研究的中国学者多从土地利用、村落空间形态变迁角度认识乡村收缩现象。比如，程连生等认为乡村聚落空心化是因原聚落住户在空间欲望驱使下逐渐向周边新扩带迁居，导致原聚落住宅空置、废墟面积扩大、人口密度锐减的过程[43]。雷振东则认为乡村聚落空废化是包括宅院空废、空心村、聚落废弃式整体迁移、农业生产设施用地空废等各种空间环境空废现象演变过程的总称，空心村仅仅是现象之一[44]。刘彦随等认为乡村空心化是乡村人口非农化引起"人走屋空"以及宅基地"建新不拆旧"，表现为乡村活力降低和"空间塌陷"[45]。由于这一概念高度完整并准确概括了我国乡村收缩的空间演化特征，所以被学术界普遍认可。何芳等认为，村庄收缩就是乡村人口、资源从乡村内部区位资源禀赋不足地区向外围条件优越地区和城镇转移，造成村庄聚落人口流失，房屋闲置的结果[46]。吕东辉等将乡村人口减少引发的社会经济衰退、村庄收缩等诸多内涵统称为乡村收缩现象[47]。

基于以上分析，本书认为对乡村收缩内涵的理解应该从四个方面把握（见表 2-1）。

第一，学界对乡村收缩概念的认识和解释经历了一个由浅及深的过程。在初期，乡村收缩是以收缩（过疏化）研究的方式展开，多被赋予一定地域内"人口减少"，"房屋空置、土地撂荒"，"产业萎缩、财税收入减少"等多维度负面表征，与乡村衰落、消亡构成一种经验式因果联系。随着研究的深入，学者们相继认识到"收缩"具有宏观包容性，是以人口减少为核心，进而演化为经济、农地乃至服务衰退的渐进过程[48]，其地域范围不仅包括乡村，也包括城市[49]，可通过科学合理的规划、技术进步、政策措施促进人的发展、生活品质提升和实现空间资源的优化[15,50]，以达到振兴目的。

第二，乡村收缩具有正负影响的复杂性，负面影响包括粮食安全、边境安全、"三农"接班人流失等问题，正面表现为中国"转移农民、减少农民、富裕农民"，缓解生态环境压力，为实现农业农村现代化提供了"适度规模经营""重建乡村"的历史机遇，但多数学者普遍认为其负面效应大于正面效应[39,51-53]。因此，乡村收缩与乡村振兴并不矛盾，"增长"只是特定时期我国乡村发展的表现形式，如果应对恰当，"收缩"也可以是一种超越"增长"的发展范式[14]。

表 2 - 1　中日乡村收缩的内涵比较及日本政策响应

维度	相同	区别	日本政策响应	
			具体措施	法律政策
人口	人口流失	日本：过疏地域 ——→ 过密地域 迁出农民退出农业 中国：乡村 ⇄ 城市 流出农民无法完全脱离土地	移民、交流人口、相关人口的人才支援	《过疏地域对策紧急措施法》(1970年)、《过疏地域振兴特别措施法》(1980年)、《过疏地域活性化特别措施法》(1990年)、《过疏地域自立促进特别措施法》(2000年)、《地方创生综合战略》(2014年)、第2期《地方创生综合战略》(2020年修订版)、《支持过疏地域可持续发展特别措施法》(2021年)
经济	产业萎缩 经济衰退 财力弱化	日本：生产要素双向流动 中国：生产要素单向外流	产业振兴（一村一品运动） 中央财政支援 发行过疏债券	
社会	老年人滞留 居民意识减退 社会功能退化	日本：举家迁移 中国：留守儿童、妇女	加强生产、生活基础设施建设，不断缩小与都市差距	
地理	聚落空废化	日本：村落规模缩小甚至消失 中国：建新不拆旧、外扩内空	城乡共生，发现乡村个性化新价值	

注：——→ 代表人口主要迁移方向；⇄ 代表人口次要、暂时的迁移方向。

第三，乡村收缩具有明显的地域差异性。中国各地区乡村发展阶段和资源禀赋各不相同，在经济、社会、文化等方面都存在巨大差异，乡村人口减少的过程、机制与路径也一定会千差万别[54]。

第四，乡村收缩具有不可逾越性，是长期城乡二元结构背景下的矛盾激化与问题积淀，是城乡二元结构走向消弭、城乡市场要素收益差异走向平衡的必经阶段，是城乡演化中的正常过程[15]，但在中国又具有其发生的特殊性。一方面，我国乡村收缩规模巨大，不确定性极强且进程被压缩[14]；另一方面，由于户籍、土地等限制，人口不能完全迁移而出现"钟摆式循环移动""人缩地扩"，是中国乡村收缩独有的特点。此外，中国与日本过疏化处于不同阶段，日本早在20世纪50年代就出现了"向都离村"，经历了3次人口大减少后(1960年代、1980年代、2010年代)，目前正面临"到2040年，全国一半的市町村可能会消失"的威胁[55]。

以上分析说明，无论是人口学、地理学上的"人走宅空地荒"，还是经济社会学意义上的产业萎缩、财税收入减少、老年人口滞留、社会功能退化等，农村空心化和乡村收缩的本质都指向了乡村青壮年劳动力过度流失而带来的各种生活生产困境。所不同的是，乡村空心化在政策指向上注重如何由"空心化"转化为"实心化"，重视人口的回流及空废土地与住宅的整治，乡村收缩更加关注减量规划下乡村资源配置的空间优化与基础设施的整合效率，如何让留守村庄的人生活得更好。基于以上分析，可以从人口、经济及社会三个维度来识别乡村收缩进程，为促进乡村精明收缩提供科学依据。

第二节　关于乡村收缩程度测度与影响因素的研究

一、针对乡村收缩程度测度的研究

科学合理地评价区域乡村收缩的程度是开展乡村转型与重构研究的前提。在乡村收缩程度的测度与评价方面，根据研究旨趣和方法等划分，当前相关研究主要是沿着三条线索进行的。

第一条线索，从乡村收缩的地理表征出发，通过闲置和废弃宅基地数量占村庄宅基地总量的比重来测度乡村宅基地的空废化。宋伟等通过对 24 个省份 162 个行政村的宅基地空心化率展开调查，指出全国村庄平均空心化率为 10.15%，高空心化率省份主要集中分布在华北和东北地区[56]。宇林军等测度了中国乡村宅基地空废化现象，结果发现中国乡村宅基地空废化严重，93.5% 的调研村庄有空废化现象，平均空废化率达到 10.2%[57]。王语檬等通过实地调研法和 GIS（地理信息系统）空间分析法对黑龙江平原农区村庄收缩程度进行测度，结果表明黑龙江省平原农区典型村庄的收缩具有起步晚、速度快、程度重等特点[58]。王良健等通过实地调研和运用分位数回归方法实证考察微观农户的宅基地空废行为，发现调研地区宅基地空废化率均值高达 29.14%[59]。黄馨等利用人居空间变迁弹性系数和 GIS 分析方法，揭示了陕西省县域乡村人居空间演化特征与类型，研究结果发现，陕西省乡村人居空间表现为明显的"人缩地扩"特征，演化类型从人减地扩的稀释型向人减地缩的萎缩型和收缩型转变[60]。

第二条线索，从乡村收缩的关键内涵出发，测度乡村人口收缩的程度。陈涛、陈池波构建在外居住乡村户籍人口占比、外出从业劳动力占比和非农从业劳动力占比三个新的测量指标，并利用相关数据对全国和各省（区、市）乡村人口收缩程度进行了测算[61]。王良健等选取流出人口比重、城镇化率、0～14 岁少儿人口比重和 65 岁以上老年人口比重四个指标，采用综合测评法从县域尺度对中国 1995 个县（市、旗）的乡村人口收缩程度进行测度，运用核密度估计、ESDA - GIS（探索性空间数据分析-地理信息系统）等方法对其时空分异特征及原因进行分析[62]。陈坤秋等从人口迁移的角度对乡村人口收缩程度进行综合测评，运用核密度估计、ESDA - GIS 等方法对其时空分异规律进行研究，并对其形成机理进行了探讨[63]。李玉红等采用人口净流动数对中国人口空心村与实心村空间分布状况进行识别估算，发现人口净流出行政村数量占比为 79.01%，中西部空心村比例普遍较高[64]。这些研究都得出了中国乡村人口收缩程度近年来不断加重的结论。2020 年，欧洲空间规划观测网络以人口代际减少占总人口比重为衡量指标，对欧盟成员国乡村人口收缩程度进行了测度和分类，结果显示收缩乡村地区的面积几乎为整个欧盟面积的 40%①。

第三条线索，从乡村地域系统的综合性角度出发，以收缩在人口、土地、经济产业、基础设施和组织文化等方面的特征为依据构建多维评价指标体系，综合测度乡村收缩程度。杨忍等采用子系统综合评价与层次逐级判断组合研究方法，从土地、人口、经济三个方面综合评价了中国县域尺度的乡村收缩程度，并进行了地域分区[65]。潘竟虎利用 PCA - ESDA（主成分分析-探索性空间数据分析）空间分析方法，从土地、人口、经济三个方面测度了甘肃省县域乡村收缩程度总体和局部空间差异格局[66]。张秀鹏等以宁夏回族自治区为研究对象，采用综合评价模型和探索性空间数据分析方法，从乡村土地、人口、经济产业及基础设施收缩等方面综合评估宁夏回族自治区县域尺度的乡村收缩程度总体和局部空间差异格局[67]。谭雪兰等以长株潭地区 23 个县（市、区）为研究区，从土地、人口、经济三方面构建乡村收缩的测度框架及指标体系，综合运用熵值法、多指标综合评价法和多元回归分析等方法对乡村收缩进行测度，揭示乡村收缩的空间地域分异特征及形成机理[68]。杜国明等以黑龙江省拜泉县为研究区，从人口、土地、经济三个方面构建指标体系，发现乡村收缩程度普遍较高，村域和乡镇收缩差异明显，经济收缩水平整体高于其他维度[69]。余丽敏等利用"自然-社会经济-政策"数据通过多尺度地理加权回归模型（MGWR）对山东省县域乡村收缩时空格局进行了研究，发现山东省县域乡村人口已进入全面收缩阶段，演变类型以加速收缩型与持续收缩型为主[70]。日本是世界上针对过疏化地域振兴问题出台政策和落

①ESPON. ESPON policy brief on shrinking rural regions[R/OL]. (2022 - 12 - 15)[2023 - 09 - 16]. https：//www.espon.eu/rural - shrinking.

实非常系统的国家，自1970年以来已经颁布了230余件法律法规①，在2021年《支持过疏地域可持续发展特别措施法》中通过人口减少率、高龄者比率、财政力指数三个指标较长时期(40年)的变化来界定过疏地域的范围②。

二、针对乡村收缩影响因素的研究

乡村收缩是乡村人地关系地域系统各要素相互作用的结果，其程度受多种因素的影响，不同的学者从不同的角度和层次进行了研究，可以将其归结为自然与资源基础、人口家庭有效转移、土地利用转型、区域经济发展水平以及基层管理能力等。比如，程连生等考察了太原盆地的空心村，认为农民空间欲望、家庭数量、经济收入、土地政策是乡村收缩的主要影响因素[43]。薛力指出空心村是社会经济结构的变化在村庄空间结构上的反映，经济结构、家庭结构和人口结构的非农化，落后的村庄规划管理，以及原有的村庄格局形态是影响乡村收缩的主要因素[71]。冯文勇将影响乡村聚落收缩的因素归纳为人口和家庭因素、社会经济与收入、交通条件、制度因素和文化因素等[72]。许树辉认为乡村住宅空废化的发展导致人地矛盾加剧，人、物和资金的大量郊区化或卫星化，造成了宅基地审批中的隐性行为和违法活动，影响了乡村公共配套设施的建设和居民生活环境与质量的改善[73]。王成新等在山东调研发现，村落向心力与离心力失衡、经济发展迅速和观念意识落后、新房建设加速和规划管理薄弱是乡村收缩的主要影响因素[9]。龙花楼等认为乡村收缩的形成演化主要受自然、经济、社会文化与制度管理四个方面因素的影响[74]。杨忍等认为乡村收缩的程度与发展阶段同乡村居民点用地的粗放程度、乡村人口有效转移程度、经济发展水平密切相关[65]。董青青等以安徽省砀山县为例，得出影响乡村劳动力流动的因素主要是年龄、受教育程度和对未来从事工作的预期收益等，同时家庭中拥有的老年人口数、人均支出、人均农业纯收入和当劳动力外出务工时所花费的支出等也是影响其外出决策的重要因素[75]。王介勇等提出区位与地形条件、基础设施条件、人口结构与规模、产业经济发展、资源利用现状、宅基地管理水平这六方面的因素可能影响乡村收缩形成[76]。王良健等利用1238份调查数据对宅基地空心化程度进行测算，发现社会经济因素与自然条件为宅基地空心化提供了强大原动力，村组人均年纯收入、家庭收入、地形状况、农户参保行为是宅基地空心化的全局性主导因素；

---

①日本法令索引 https：//hourei. ndl. go. jp/#/result.

②《支持过疏地域可持续发展特别措施法》概要 https：//www. soumu. go. jp/main _ content/000752615. pdf.

人均耕地面积、家庭人口规模、农户"家业"观念、宅基地确权进度与"一户一宅"政策执行等因素，在不同分位点上具有差异化影响[59]。舒丽琼等对四川省凉山州会东县研究发现，人口劳动活力、村庄土地收益与土地人口规模对乡村综合收缩的影响作用显著[77]。杜国明等研究发现，流出人口比重、人均纯收入、耕地流转比例是影响乡村收缩程度的主导因素[69]。孟庆香等通过对安阳县研究发现，影响乡村收缩程度因素的作用力关系是：经济因素＞土地因素＞社会因素＞心理因素[78]。肖超伟等认为老龄化及族裔水平、综合经济水平分别是影响美国乡村地区人口自然、机械增长率的主要因素[79]。余丽敏等通过构建经典加权回归模型（GWR）与多尺度地理加权回归模型（MGWR）研究发现城镇化水平、社会经济和政策、自然因素是影响山东省县域乡村收缩的主要因素[70]。

第三节　关于乡村收缩空间类型与发展阶段的研究

一、空间类型

我国地域辽阔，经济社会发展的区域差异明显，致使在省域甚至更大的尺度上，同一时段内可能同时存在不同的乡村收缩演化类型。由于村庄所处区位及受外力干预的不同，其发展演化呈现不同的空间模式。因此，在乡村收缩演化的空间模式与类型研究方面，多数学者都是针对某一区域进行划分[74]。比如，程连生等通过对太原盆地东南部乡村的调查分析，认为乡村收缩聚落有环状、扇状和带状收缩聚落三种空间模式，并根据聚落拓展的培育环境将收缩聚落分为最易收缩、较易收缩、平易收缩、较难收缩和最难收缩五个类型[43]。薛力认为，空心村有单核型和多核型两种形式，多核型空心村是由多个单核型空心村组合而成的[71]。龙花楼等根据影响空心村的因素，将空心村演化的类型区域划分为城乡接合部、平原农区、山地丘陵区和草原畜牧区四种类型[74]。许树辉则探讨了乡村住宅收缩的三种表现形式：一是扩散式，即新宅在原住宅外围布局，旧宅区空置，这一形式多分布在地势均一的平原或盆地区；二是带状式，即随着交通线路的深入，新宅多以外围就近交通线进行布局；三是跳跃式，即交通线路并未深入村庄，新宅离开原有村庄住宅，在交通线一侧或两侧发展[73]。鲁莎莎等基于乡村收缩的评价指标体系，将2009年106国道沿线样带区县域划分为低度收缩、中度收缩、高度收缩和严重收缩四种类型，乡村收缩呈现显著的"北高南低"的空间分布特征，且人均耕地资源面积越大的县市，人均乡村居民点用地面积越多，乡村收缩程度越高[80]。李红波等研究发现常熟市乡村人居空间利用集而不约，镇域层面存在城镇化主导型、产业主导型、交通主导型、产业-交通复合主导型、政策主导型五种类型[81]。曲衍波等以平原农区山东省禹城市房寺镇为例，基于多维空心村度量体系，将村庄收缩分为单形态主导和多形态复合两大类，研究发现单形态主导型空心村数量较少，双形态、三形态、四形态和五形态复合型空心村数量较多，在空间上以"点-轴-面"的形式从镇中心地向镇域边界逐渐加剧[82]。肖超伟等通过对比美国各典型区的人口变动的相关系数差异及区域特征，结合案例，将收缩区域分别归纳为矿业衰竭型、传统农业型、长期贫困型、油（气）产业波动型、行政因素型[79]。佘丽敏等将山东省县域收缩乡村分为增长-收缩型、减速收缩型、持续收缩型、加速收缩型四种类型[70]。

二、发展阶段与过程

乡村收缩是区域经济社会发展到一定阶段的产物，特定的收缩村庄发展演化阶段将对应一定的社会经济发展水平[74]。薛力在分析江苏省空心村时，按空心村的发展程度将其分为初期、中期、晚期三个发展阶段并与苏北、苏中和苏南三个区域相对应[71]。程连生等在研究太原盆地乡村聚落的基础上，提出了村核带增长过程、村核带膨胀过程、缓冲带增长过程、缓冲带膨胀过程和新扩带增长过程五个收缩过程模型[43]。王成新等也将空心村的发展演化分为初期、中期、晚期三个阶段，但将其对应于某一特定村庄的 20 世纪 80 年代、90 年代和 21 世纪初三个时期[9]。刘彦随等认为一个完整的乡村收缩过程，通常经历出现、成长、兴盛、稳定和衰退（转型）期等阶段，不同时期长短不一[45]。龙花楼指出城乡接合部的收缩村庄会完整演绎实心化、亚收缩、收缩和再实心化四个阶段[74]。王伟勤认为改革开放后我国乡村收缩经历了"人走楼空"的空心村出现、"人去地荒"的村庄收缩和乡村基层民主空壳化的演变过程[83]。

根据日本现有的研究，日本也存在与中国类似的情况。比如，从宏观角度来看，安达生恒分析了过疏化的情况，将其分为外出打工型、举家离村型，并且考察了每个地区过疏化程度的区别[33]。小田切德美将日本过疏化划分为人口的收缩、土地的收缩、村庄的收缩三个阶段[84]。从微观角度来看，大野晃按照年龄结构将过疏化阶段分为限界集落、消灭集落等[36]。

第四节　关于乡村收缩形成机理与效应的研究

一、针对乡村收缩形成机理的研究

关于乡村收缩的形成机制，目前主要集中在内部原因和外部原因两方面的探讨。程连生等通过对太原盆地乡村聚落考察，认为该区域家庭向周边迁居是由低建筑成本驱动、低移动成本驱动和低土地成本驱动三种力量共同作用的[43]。许树辉指出空心村的形成受两大力量的驱使：一是来自内部的力量，如欲望驱动、观念使然等；二是外在的力量，如经济状况的普遍好转、制度缺陷、交通条件的改善和管理乏力等[73]。薛力认为乡村收缩是由于农户建房意愿增强和建房能力提升双重驱使下的建房需求增长与相应监管调控政策的缺位共同作用下形成不合理的农户建房行为[71]。汪少潭认为乡村收缩的形成至少包括四个方面的原因：城市化发展滞后，乡村人口大规模向城市迁移，原有乡村规划与高效农业发展的不适应，乡村建设缺乏规划、建设管理滞后，但核心是地方经济发展缓慢、缺乏生机与活力[85]。崔卫国等指出我国重点农区乡村收缩的形成中，资源禀赋与地理区位是其资源环境诱因，历史基础与社会文化是其社会经济诱因，城乡二元制度体系是其外源性制度原因[86]。陈家喜等认为我国乡村收缩形成是市场化促进社会流动加快、工业化导致农民跨区域流动和城市化形成乡村人口外流造成的[40]。张永利等认为空心村的形成受到外部和内部两个方面力量的驱使，外部力量主要是随着城市化以及村边道路离心力的日益强化，且村落向心力的逐渐减弱，离心力逐渐大于向心力，导致了村落外扩内空的现象日益严重；内部力量如村民的建房欲望、落后的思想观念等[87]。何晓红通过对全国具有典型意义的空心村调研发现，城乡一体化进程中，空心村形成的核心原因在于农民权利保障不足和城乡社区组织运作不力，其制度性成因在于乡村治理的客观环境和社会结构已经发生了重大变化[88]。田秀琴等通过研究发现，常熟市村庄住宅用地持续增长主要源于地方政府对农村社区建设用地补偿过量，村庄工业用地的快速扩张则主要源于乡村工业化的持续推进、企业生产利益追逐及地方政府对财税和经济增长的追求[89]。张贵友通过对安徽省空心村的调查，认为其形成的原因可以归结为城乡发展的不平衡、规划管理欠缺、较弱的自然资源环境条件、法律制度的缺陷和传统观念影响[90]。严旭阳等通过北京密云干峪沟村"重生"案例研究，认为空心村重构的外在动力是市场，而内在动力来自城乡相互依存系统对乡村新功能的需求，其生成机理是在内外部系统动力作用下所产生的功能重构、结构改变及城乡间要素流动，最终使地域系统整体功能得以优化[91]。赵苏磊通过对闽西山区村庄的调查将驱动乡村工地扩张、收缩和功能迭代的因素分为外部因素和内部因素两类，外部因素包括中心城区的近地扩张、政府的政策引导、市场的投资选择等，内部因素包括自然资源禀赋力、乡村集体力和个人作用力[92]。

这些问题和日本同样问题比较，日本的原因是，随着 20 世纪 60 年代后日本经济高速增长，由于城乡收入差距，乡村很多年轻人向城市转移，乡村人口和农户都减少了，但这一时期，在许多地区，即使在年轻一代涌入城市后，他们的父辈仍留在当地，农林用地的维护和管理仍在继续。这时期的日本乡村人口减少原因是"社会减少"，与中国的情况类似。此外，1973 年由于石油危机引发的低增长经济基调的变化暂时减缓了人口继续从乡村流向城市地区。到 20 世纪 80 年代中期，由于大米价格在内的农产品价格政策开始衰退以及乡村留守父辈的退休也在此时开始，大量耕地由于无人承包耕种而荒废，土地收缩（耕地废弃）的问题迅速显现出来，与此同时，很多乡村产业衰退，造成了生活环境的恶化，而且这些现象带来了乡村居民的消极意识，走向了乡村的衰退。到 20 世纪 90 年代，由于日本总人口的减少和少子高龄化，部分乡村开始进入村庄收缩阶段。这一时期日本乡村人口减少的主要原因是"自然减少"，与中国情况有所不同。小田切德美认为经济基调的变化、政策变化、灾害等所有影响，都有可能成为乡村存续的决定性契机[84]。王娜、谷口洋志等将日本地方过疏化的原因归结为产业集聚带来的规模经济效应和范围经济效应，它也是以中央集权的政治结构和交通通信技术的发展为基础的区域和国际分工的结果[93]。相较而言，中国总人口直到现在还在增加，这点和日本有所不同。此外，乡村收缩的主要原因是劳动人口迁移，但中国有户籍制度，如城市和乡村二元的管理制度，所以并不能和日本过疏化问题直接比较。

二、针对乡村收缩效应的研究

关于乡村收缩的效应，不同的学者从不同的角度和层次进行了研究。部分对乡村收缩问题发展前景持悲观态度的学者认为，未来乡村将消逝、农业将衰落、农民将消失。对发展前景持乐观态度的学者则认为新型城镇化为乡村收缩问题的解决提供了机遇，未来我国乡村建设将提速、农业将转型升级、新型农民将应运而生[94]。由于积极的效应非常有限，所以目前的研究主要集中于探讨乡村收缩所带来的消极效应。

影响国家安全利益。林孟清认为由于乡村大多数青壮年流向城市，导致乡村大量土地无人耕种，形成了空地、荒地和废地，将会引发粮食安全问题[95]。韩占兵利用微观农户家庭追踪调查数据，进一步发现乡村人口收缩通过劳动力投入萎缩效应和种植决策调整效应负向影响农地产出[96]。杨明洪等、崔哲浩等认为，边境地区乡村收缩会加剧国内区域发展的不平衡，削弱边界中介效应和边民的国界屏障作用，增加边防的巡卫成本，提升邻国越界垦种、非法捕鱼、侵占国土的潜在风险，长此以往会对边境的领土主权、边境安全和边境地区乡村振兴战略的稳步推进等国家核心利益产生重大影响[97,98]。

造成乡村经济潜力不足。林孟清、张春娟认为乡村收缩会造成人才短缺、资金流失、土地荒芜、乡村经济衰落、村内人居环境的恶化等影响[95,99]。李国政则认为乡村收缩导致了农业副业化、农业弱质化、乡村劳动力老年化等负面效应[100]。朱志猛等对黑龙江的研究发现，乡村产业收缩会进一步加剧乡村人口流失，抑制乡村经济发展，并诱发诸如土地抛荒等其他经济社会问题[101]。姜姗等认为，随着乡村高素质劳动力流失，技术、知识、资金等资源也随之大量流失，乡村产业发展所需的生产要素日益匮乏，逐渐形成了乡村产业收缩的局面[102]。同样的，在日本由于人口减少和司机短缺，人口稀少地区和乡村的农产品运输受到限制[103]。

影响乡村社会和谐稳定。陈景信等阐述了人口收缩会导致维系乡村婚姻家庭关系的难度加大，使得乡村儿童教育和乡村文化传承受到冲击，不利于乡村社会稳定与发展[104]。陈家喜等认为乡村收缩不仅带来了乡村人口收缩，而且还引发了农业生产收缩、公共服务收缩、基层民主收缩以及社会心理空虚化等[40]。张永利等认为乡村收缩带来了养老以及留守儿童教育问题[87]。杨静慧提出，收缩背景下乡村养老面临三重困境，分别是家庭照料减少、政府支持有限和市场逐利倾向失衡[105]。田毅鹏等指出收缩村落社会性的消解及结构松散，引发的农业生产中的"合作欲望低下"，农民的"依赖惰性"和"去组织化"倾向等现象给乡村脱贫攻坚成果巩固拓展提出了严峻的挑战[106]。

造成乡村文化精神缺失。杨宝琰认为乡村教育面临三大矛盾：乡村人口外流导致建设者大量流失、乡村文化传承面临困境、乡村教育结构失衡[107]。陈建提出乡村收缩会导致乡村公共文化服务功能性失灵[108]。姜爱等通过对中西部民族地区鄂西南传统村落调研发现，过疏化趋势日益加剧，村落发展主体缺失，民族文化传承受阻，村落发展困难重重[109]。李昕泽等指出由于内在的乡村体育劳动力逆流于城镇，乡村公共体育服务衰退[110]。田毅鹏等通过实地调研发现过疏化村落社会联结崩坏，使得贫困文化得以传递和再生产，给乡村脱贫攻坚成果的巩固拓展提出了严峻的挑战[106]。戴彦等认为乡村收缩会对乡村景观的价值呈现产生负面影响[111]。

导致乡村建设困难重重。刘鸿渊、周春霞、白启鹏等认为乡村收缩引发了乡村建设人力资源和组织资源的匮乏，乡村面临治理主体缺位、治理结构失衡、乡村治理过程中的民主流于形式等问题，严重影响和制约着基层组织[112-114]。胡小君进一步指出乡村衰落使乡村党组织呈现维持型运作的特点，组织弱化、功能虚化和地位边缘化等问题日益突出[115]。韩鹏云、刘蕾等认为乡村收缩使乡村公共品自主供给陷入困境[116,117]。龙花楼等指出乡村收缩还会加剧乡村生态环境的破坏[74]。刘爱梅认为乡村收缩加剧了科学规划乡村建设的难度，导致乡村建设主体力量变得更加薄弱，使乡村建设资金陷入尴尬境地，这给乡村建设的实施带来了多重制约[118]。此外，还有学者指出随着大量的乡村人口流向城市，会造成城市环境的恶化，导致中国出现了"丰裕型贫困"，严重影响城市的安全和稳定[95]。

第五节　关于乡村精明收缩的路径研究

解决乡村收缩引发的问题必然要从乡村本身入手，而中国在乡村人口规模、国土面积和资源禀赋等方面具有自己的独特性。迄今为止，世界范围内还没有与我国规模相当的乡村收缩与人口流动现象，崭新的问题意味着探索"中国方案"的必要性。乡村精明收缩是一项系统工程，涉及政策制度、技术经济和社会文化等各个方面，实施乡村精明收缩需要政策支持、技术支撑、资金保障和公众参与。学者们也从不同的学科和研究视角出发，为推进乡村精明收缩提供相应的对策建议。

一、深化乡村土地制度改革，提高土地资源配置效率

程连生等认为通过制止聚落扩张、有偿收购废弃宅基地、科学划拨建房用地、划定基本农田保护线可以杜绝乡村收缩无限扩展[43]。冯文勇提出健全用地制度和提高人口素质是遏制乡村聚落收缩的有效途径[72]。许树辉认为对于乡村收缩的调控，要通过全面开展乡村用地规划，全面实行乡村宅基地有偿使用制度，有步骤地实施乡村土地信息监测和管理来进行[73]。刘彦随等认为应通过强有力的政府管制和深化乡村土地制度改革，推进乡村地域系统的空间、组织、产业"三整合"，从而阻隔乡村收缩演替的路径[45]。崔卫国等认为以健全的制度为前提，以完备的市场为导向，以当地农民为主体，逐步实现乡村资源的优化配置和内生发展能力的稳步提升是乡村收缩调控的核心目标和路径，科学推进乡村土地综合整治可为其搭建新平台[86]。王介勇等认为应该从加强乡村住宅建设用地规划控制、健全乡村宅基地管理机制、调整农业结构、明确整治重点四个方面防控乡村收缩程度加剧[76]。祁全明认为要提高闲置宅基地的利用效率，充分保障农民权益，必须通过确权颁证和制定乡村宅基地管理法，合理制定宅基地流转、退出等机制，进行利益的合理分配，全面实行公众参与等措施[119]。赵明月等提出要围绕改革征地制度、农村土地流转、退出制度、户籍制度等，切实提高乡村土地利用效率，着力发挥市场在乡村土地资源配置中的决定性作用[120]。魏盛礼

建议通过完善村庄规划，加强宅基地"三权分置"，以适当限制宅基地使用权市场化实现土地资源的市场配置，按照现有人口基数一次性解决宅基地分配问题等方式重塑我国宅基地权利结构，实现乡村宅基地和房屋的市场化流转[121]。于水等认为目前亟需通过完善宅基地"三权分置"配套制度，建立宅基地使用权流转市场，强化政策监控，加强失宅农民权益保障，合理配置闲置宅基地资源以防范风险[122]。马雯秋等认为应从类型转换、效率提升、制度保障等角度出发，结合村庄发展需求和乡村居民点整治潜力，制定符合乡村区域功能重构和乡村振兴空间发展要求的、差异化乡村居民点用地结构转型优化路径[123]。焦林申等认为应该确立精明收缩规划理念，加强收缩乡村识别和空废感知，构建宅基地评价和用途引导体系以及利用农村土地制度和农地入市制度改革推动精明收缩[15]。

二、以农民为主体，因村施策推进乡村精明收缩

如何通过收缩乡村的综合整治实现乡村土地资源的合理配置，是构建城乡发展一体化新格局所要面对和解决的重大问题[120]。现有的收缩乡村整治规划多强调土地的集约节约利用，一般采用集中安置的方法，也因此导致"土地节约了，但村庄消失了"的现象。刘锐等认为空心村治理要以农民为主体来推进，要把增加农民福利作为空心村治理的终极目标，而不是把工作重点放在为城市建设用地指标的土地整理上，更不能以增减挂钩的名义，借城乡建设用地来赶农民上楼、进村圈地[124]。张甜等认为调动农民整治空心村的积极性、增强乡村弱势群体对新居住空间适应能力的最有效手段是建立合理的经济保障体系[125]。张贵友认为应该提高农民思想意识和乡村治理参与度，使空心村整治的诸项制度和措施得到农民的理解支持，并成为自觉行动[90]。冯健等提出空心村的整治规划应按"多元有机规划"思路，按照市场需求，通过重组传统农业生产空间、复兴乡村公共空间以及实现建筑空间的本土性和现代性的结合形成村庄自身的良性循环[126]。崔继昌等通过对华北平原典型村庄宅基地集约利用水平及收缩微观格局分析，提出应确立精明收缩的村庄规划理念，构建基于集约评价的整治方案，为改善微观农户宅基地集约利用创造条件[127]。孟庆香等建议在空心村整治过程中，山地区以迁村并点、恢复自然生态为主；丘陵区以合理规划、引导乡村居民点集聚发展为主；平原区应加强村内合理规划布局，着重推进新型城镇化建设[78]。张鸿雁认为应以县域为单位，将所有自然村、空心村纳入整体治理范围，构建"一减五强"的"社会精准治理"模式[128]。冯健等通过对邓州市桑庄镇的考察发现，由于空间结构对社会结构的反向作用，可以尝试通过公共空间的重构实现对乡村社会结构

的优化[129]。实践中，赵明月等总结中国空心村整治模式主要有城乡一体型配置模式、中心社区型配置模式及就地改良型配置模式[120]。魏艺等立足鲁西南平原农业型乡村调研，认为当前乡村人居环境建设应以精明收缩为规划导向，以生活空间的响应性建构为切入点，进行乡村产业耦合、居住空间分类提升、公共资源调配等方面的构建[130]。张玉等总结中国空心村整治模式可归纳为四种类型，即村内集约模式、迁村并点模式、城乡融合模式、易地搬迁模式[131]。这些整治模式对我国乡村精明收缩具有一定的借鉴作用。目前，全国对宅基地的治理模式主要有上海、浙江的宅基地置换模式，成都的联合建房模式，重庆的"双置换"模式[119]，天津的宅基地换房模式以及江西的协同治理模式[132]。

三、优化乡村创新创业环境，引导各类人才返乡回乡

李秀美提出应在地方政府指导下，通过日益延伸的农业产业链内部市场的利益联结机制，合理引导掌握一技之长的农民工、乡村籍大学生以及非农籍社会人才回流乡村，鼓励并引导产业化紧缺人才组成专业型或互补型人力资本团队参与其中[133]。郑万军等提出乡村人口收缩的治理路径是加大乡村人力资本投资、加强乡村专业人才和新型职业农民的培养[134]。陈池波等认为应该从农民兼业化和职业化两个方面入手解决乡村人口收缩[135]。胡思洋等提出解决乡村衰退问题需要整合本土精英、本土劳动力与本土资金，引导外出打工者就地就近就业，恢复家庭治理的基础性功能[136]。盛德荣认为破除乡村收缩，需要以职业教育为依托，通过有利于农业农村发展的农民职业教育减少乡村劳动力的流失[137]。刘奉越提出以生计恢复力提升为逻辑起点、以"三生共赢"为逻辑终点、以产教融合为逻辑路径的职业教育是促进乡村收缩治理的逻辑[138]。张勇等基于广东省 W 村的调查，提出需要发掘和培育契合乡土实际的城市入乡人才，优化乡村工作"放管服"改革，通过组织、产业以及文化再造，实现空心村振兴[139]。从国外经验来看，韩国通过新村指导者的培养，保障村庄建设力量能够在地化地持续再生产，实现村庄内生活力萌发[140]。

四、加快推进农业农村现代化，实现城乡融合发展

林孟清认为应把解决乡村收缩问题的"主战场"放在乡村，直接从农业、农村和农民身上着手，通过继承和弘扬传统的农业文化造就高素质的新型农民，调整乡村产业与种养业结构，建立和完善乡村社会保障体系，推动农业农村现代化来解决我国乡村收缩的问题[95]。项继权等提出重构乡村居民主体、农业生产主体

和农民养老主体是事关当前"新三农"问题治理成败的关键性政策举措[94]。黄开腾认为民族地区乡村收缩治理应结合国家实施乡村振兴战略的时代背景，通过推进农业农村现代化、加强制度改革、增强乡村文化认知度，消除城乡分割，走向城乡融合[141]。苏芳等面对乡村收缩引发的一系列问题，认为只有基于城乡一体化的视角，同时完善和健全空心村的硬环境和软环境，形成以乡镇企业为载体、专业合作社为组织的现代农业和社会主义新乡村，才能够有效地解决乡村收缩问题[142]。宋凡金等认为乡村旅游开发凭借其独特的乡村规划、文化传承和就业拓展等功能，对缓解乡村收缩、促进城乡统筹发展具有强大的生命力和巨大的发展潜力[143]。张贵友提出空心村的治理要深入推进城乡融合发展、分层分类实施乡村振兴规划、加强乡村基础设施建设、完善乡村治理法律制度、提高农民思想意识和乡村治理参与度[90]。马良灿等提出解决空巢化村落发展之困的路径是构建新型城乡关系、发展壮大新型农村集体经济、加强和创新基层社会治理[42]。李国政指出应该通过构建新型农业社会化服务体制，从强化政府农政部门及其服务部门的纯公益性、加快发展以龙头企业为代表的营利性部门和大力扶持非营利性农业社会化服务机构三方面入手，破解乡村收缩之困[100]。

五、加强乡村社区建设，保障留守村民的基本福祉

陈家喜等认为政府应重新审视乡村社区建设的重心和方向，通过在农业生产、乡村公共服务、乡村基层民主和乡村社会文化等诸多层面的政策革新，最终实现乡村收缩的治理目标[40]。何晓红认为空心化问题治理的理论前提、体制架构、核心组织载体、社区联结策略及社区共同体构造分别是"将传统乡村带入现代国家"、有效政府能力和乡村社区公共服务体系构建、乡村社区群众性自治组织的职能调整与能力建构、乡村社会自治组织的充分发展与有效联结以及乡村群众的政治参与和文化认同[88]。廖鸿冰等提出建立以社区为载体，由政府、NGO（非政府组织）、NPO（非营利组织）、企业、社会公众等多方参与，整合社区医疗服务、养老保障服务、教育服务等，综合协调政府化、社会化、市场化供给机制，形成以社区为基础的多元化、整合性、"三社"联动的互嵌互补的社会服务体系，为乡村社区居民提供合法的、有效的服务，增进社会整体、社区、家庭以及个人的福祉[144]。黄建认为乡村社区是弥补政府公共管理缺失的重要主体，应通过发挥其利益聚合、服务提供、关系协调、诉求表达以及文化引导等多项治理功能解决乡村空心问题[145]。徐顽强等提出应将社区建设与收缩治理融合进乡村振兴的统一进程中，既要整体性设计空心村的社区建设方案，并积极探索适宜的社

区建设路径，也要不断完善社区治理机制和丰富社区文化体系，助力乡村收缩治理工作[146]。刘博等从空间社会学视角提出，乡村收缩治理必须在地域乡村公共性活力激发路向的引领下，通过提升地理空间活力，提高乡土公共性的自主力、打造空间治理多元主体，提高传导力、增强空间治理文化、提高凝聚力等多重手段构建公共性路径，实现收缩村落乡村振兴的空间实践[147]。刘爱梅提出通过赋予乡村多元化的功能价值、科学制定乡村建设规划、壮大乡村建设的主体力量、形成常态化的乡村建设资金投入体制等措施加强乡村建设、治理乡村收缩[118]。曾鹏等从层级结构、尺度规模和供给模式三个方面提出乡村社区生活圈的优化路径[148]。

梁银湘认为推行乡村社区建设，使之从一个"离心村庄"变为一个"齐心社区"，完成乡村社会权力秩序在经历市场经济对其解构之后的重构[149]。石亚灵等提出应依据乡村聚落社会关系网络结构的整体、局部和个体的特征调整、加强社会联系，优化资源配置，土地流转、产业协同与设施均等化，缓解人口收缩[150]。

从日本治理经验来看，截至2022年4月，日本全国1718个城市中有885个（51.5%）过疏化地域，其面积约占日本国土面积的63.2%。在此期间，根据《人口减少法》和地方政府的政策，日本通过采取防止人口减少、恢复过疏地域的内生力等措施，比如兼业化、适度扩大农业种植规模、积极培育新型农业经营主体、创新生产经营模式、注重农业接班人的培养、构建农业生产合作组织等，改善了过疏地域的生活环境。此外，通过"区域振兴合作志愿者"和"特定区域开发协同组合协会"等系统，促进了过疏地域的人口回流，被称为"田园回归"。自20世纪20年代以来，随着日本公共汽车和火车数量的减少、老字号商店关闭、诊所因医生老龄化而关闭，过疏地域的生活变得更加困难。在此期间，政府在"区域振兴""数字花园城邦概念"等口号下制定了许多政策，都取得了良好的治理成效。此外，日本提出了"缩充日本"概念[151]，"缩充"由"人口减少"和"充实实现"两部分构成，意为"维持当地社区所需的最低人口，并创建一个即使人口减少也能让人们过上富裕生活的系统"。

综上，现有的文献从乡村收缩视角对我国乡村收缩问题进行了广泛探究，但仍存在进一步拓展和完善的地方：①在研究进度上目前仍处于探索阶段。对乡村收缩的概念还没有形成统一的意见，收缩地域的界限模糊，收缩的作用机制、形成机理等问题尚未完全明确，乡村精明收缩尚处于尝试阶段。②收缩乡村识别的重要性没有得到政府和社会的广泛认可，对指标体系建立的理论依据、测度指标的选择和权重计算的科学性，以及最终量化指标体系的数理逻辑关系的研究相对较少，使得"精准治理"在乡村精明收缩过程中的作用有限。③现有研究多从地理学等单一学科视角出发，更多关注土地利用格局和优化配置模式。但乡村收缩的实质是城乡资源配置问题，真正解决乡村收缩问题的核心不在土地，而在于重建乡村经济社会系统，恢复乡村功能。因此，应该从乡村经济学、社会学、生态学、人口学等角度综合考虑。④对宏观机理分析多，微观研究即以农户为研究对象的调查研究少。⑤现有研究主要以中国北部、东南沿海等地乡村为主，西北地区的专题研究相对较少。⑥从治理措施来看，现有的研究更加关注以政府为主的外生开发，而忽视了是否适宜开发，以及以留守村民为主的内生开发。实际上，根据日本治理经验，收缩的乡村与扩张的乡村之间是可以相互转化的，即使是收缩的乡村，通过适宜的治理也可以充实而富足。有鉴于此，对新时期乡村收缩问题展开研究是一个非常重要且富有挑战性的选题。

第三章　城乡关系下我国乡村收缩的历史沿革

马克思和恩格斯对城乡关系问题高度关注，认为城乡关系是影响经济社会发展的关键，"城乡关系改变，整个社会也跟着改变"[152]。基于国内外环境的变化以及国家战略的实施，城乡两大部门在资源禀赋、环境等因素的影响下会形成不同的城乡格局。制度变迁是学术界经典的话题之一，它代表了多主体对变迁偏好集合的结果[153,154]。自1949年以来，随着国家发展战略的调整，中国的城乡关系也在发生着相应的变化，其中制度安排的影响十分明显。乡村收缩是伴随着城乡关系变化而出现的一种社会现象，有着自身的历史逻辑和路径依赖。欧美发达国家在19世纪左右都经历过不同程度的乡村收缩，亚洲的韩国、日本等发达国家在早期的乡村发展过程中也同样面临过农业产值低、农村空心化、农民老龄化等问题，政府通过制定和实施一系列针对性的措施，在一定程度上缓解了上述问题。在我国，城乡系统是分割的和各成体系的，户籍制度、土地制度、社会保障制度等对于乡村人口自由流动、土地利用及统筹城乡发展具有基础性的作用。改革开放以来，伴随着大规模人口流动，我国经历了世界历史上规模最大、速度最快的城镇化进程，使得我国的乡村收缩问题更具有特殊性、复杂性、地域性与艰巨性，分割的城市系统和乡村系统使得人口不能完全迁移而出现"钟摆式循环移动"以及"人缩地扩"现象，这是中国乡村收缩独有的特点。

我国城乡关系的演变历程基本上与乡村收缩进程同步，由此也决定了乡村收缩的进程是随着城乡关系的发展而不断深入和发展的。正确认识中国乡村收缩的阶段性特征，是事关良好乡村治理秩序建立和乡村振兴战略推进的重大时代命题。从历史与现实角度看，中国乡村收缩的历程大致可以1978年十一届三中全会召开为界，划分为改革开放前和改革开放后两个阶段。

本章尝试引入多重逻辑视角，从政策变迁的角度对乡村收缩演化的过程及其主要特点进行合乎逻辑的解释，为政府治理乡村收缩提供政策依据。

第一节　改革开放前乡村收缩的发展历程

新中国成立伊始，主要实行社会主义计划经济，并创建中国特色的以户籍制度为基础的二元社会体制。高度集中的计划经济体制下，资源行政化配置方式所推行的重工业优先的工业化战略及与此相配的系列制度安排（城乡隔离的户籍制度、粮食供给制度、土地制度、劳动力的计划配置及城乡有别的就业制度等）使得农业剩余劳动力转移停滞，城市吸纳就业的能力下降，乡村发展滞后，进而造成了农民务农收入水平下降、城乡差距扩大和刚性化城乡利益结构，为改革开放后乡村劳动力涌入城市及乡村边界的无序外扩同步进行、乡村急剧收缩埋下了伏笔。

一、城乡兼顾时期：1949—1957 年

新中国成立前，中国 90％以上的人口都居住在乡村之中。面对当时乡村衰败和时局动荡的境况，大批有良知的地方乡绅与知识分子积极投身乡村建设，探索地方自治与乡村自救之道。20 世纪 20 年代至 40 年代，以梁漱溟、晏阳初、黄炎培、卢作孚等为代表的一批乡绅和知识分子率先提出乡村建设的构想并付诸实践，产生了诸如"邹平模式""定县模式""北碚模式""无锡模式"等乡村重建与发展的模式[155]。

在新中国成立之初，确立了城乡兼顾、工农互助、共同发展的目标，对于人口的自由流动未施加任何约束。这期间，大批军人复员，其中一部分回到了乡村、分到了土地，一部分军队干部及其家属进入了城市；社会政治生活的稳定也使大量在战乱时迁移到乡村的城市职工再次返城；农业生产多年停滞，使得一部分乡村破产农民为谋求生路也涌入城市，为促进城镇工商业的发展，国家对已进城农民总体上采取了较为宽松的政策。

1950—1952 年是国民经济恢复时期，也是乡村人口向城市迁入较多的时期，我国城市人口比重由 10.64％上升到 12.46％，3 年间有将近 1400 万人口由乡村迁入城市[156]。但是，大量的无业或失业人口在城市聚集，给社会的稳定发展带来了诸多隐患。为了重建社会秩序，恢复经济建设，政府开始有计划地动员组织城市中的失业、无业人员回乡生产。1951 年公安部公布《城市户口管理暂行条例》，规定了对人口出生、死亡、迁入、迁出、"社会变动"（社会身份）等事项的管制办法，基本统一了全国城市的户口登记制度，开启了新中国户籍制度的发展进程。

1953—1957 年是我国实施第一个五年计划的时期，为了尽快实现工业化，达成有力地抵御帝国主义侵略、从根本上实现国家富强的目标，国家确立了重工业优先发展战略并基于这一战略选择制定了一系列派生制度，但面对资金短缺和工业基础薄弱的现状，工业化、城市化的资金只能从农业农村中来，通过工农业产品价格的剪刀差来为重工业的发展积累资金，以减少阻力和降低交易成本，而要实现这一转移，就需要农业迅速实现集体化。

1953—1954 年，中共中央先后部署了粮、棉、油等主要农产品的统购统销①，将农产品及其剩余全部纳入国家计划经济体系中，为工业化提供稳定的资金来源。为了保障统购统销的顺利实施，将交易的对象由农民个体变为合作社，1953 年，党中央先后作出关于农业生产互助合作的决议和关于发展农业生产合作社的决议。到 1956 年底，农业合作化基本完成，将 1.1 亿自耕农合并，简化为 70 多万个农业生产合作社[157]。与此同时，为了控制城市人口规模，减少国家计划供应压力，避免从农村提取的积累被农民大量迁入城市消耗掉，1955 年 6 月，《国务院关于建立经常户口登记制度的指示》统一了全国城乡的户口登记工作，标志着全国城乡统一的户口登记制度的建立。同年 8 月颁布的《国务院关于市镇粮食定量供应暂行办法》开始对市镇人口实行定量、凭票供应粮食。城镇户口与粮食供应的关系更加紧密，农村居民来往城镇需要自带粮食。1956 年，国家财政预算收入 270 亿元，其中农业税 30 亿元，由工农业产品价格剪刀差产生的农业向工业、农村向城市的价格转移大约 40 亿元[158]。

1949—1957 年，劳动力在城乡之间的自由流动和迁徙受到一定的约束，但是人们仍然可以自发进行迁移，劳动力市场并未呈现城乡之间的分化对立，与此同时，国家也开展了一些有计划的人口迁移。1951—1953 年，每年乡村人口往城市流动的迁入率为 104.2%，而城市往乡村流动的迁出率也高达 71.1%。但之后，由于经济迅速发展和城市经济偏向政策诱发人口向城市迁移依旧十分活跃。1956 年，全国职工人数比 1955 年增加 224 万人，大大突破原计划增加 84 万人的指标[159]。可以说，这个阶段是国家计划性地进行人口迁移与人们自发迁移相并存的一个时期，也出现了城市人口向乡村迁徙的现象。此外，新中国成立之前的乡村人口居住十分分散，村庄距离常在三四里②以上，每村户数通常只有十几

①对粮、棉、油统购统销的中共中央文件分别是 1953 年 10 月 16 日《中共中央关于实行粮食的计划收购与计划供应的决议》、1953 年 11 月 15 日《中共中央关于在全国实行计划收购油料的决定》、1954 年 9 月 9 日《中央人民政府政务院关于实行棉花计划收购的命令》。

②1 里＝500 米。

家，村庄几乎没有预先的规划。土改后，农民取得完整的宅基地所有权，农民的生活状态与乡村基础设施建设有了初步提升，但是村庄布局依旧比较分散，人口分布不聚集。因此，这一阶段乡村收缩的特征主要表现为国家战略需求导向下的乡村经济收缩。

二、城乡分割时期：1958—1977 年

这一时期，为了解决城市粮食等资源紧张问题和实施以城市为中心的工业化战略，国家实行了城乡差别"二元"户籍制度，人口迁移与户籍转移是一体的，且衍生出相应的组织管理制度。随着公共服务和社会政策不断与户口挂钩，户籍制度的功能也由起初的重建社会秩序演变为引导人口迁移和主导城乡资源分配，户籍制度与农村的人民公社制度、城市的单位制度及粮油供应制度等相结合，最终形成一个维持城乡二元结构的制度体系。在这个制度框架下，农业通过农业税和工农业价格剪刀差为工业化积累资金，这造成了城乡关系的分割和农业农村自我发展能力的丧失[160]。

而需要特别说明的是，1958 年开始实行基于户籍制度的对农民迁往城镇的限制，主要是从当时国情出发，为适应生产力和生产方式的需要而决定的。这是因为，城镇人口的增长应与国民经济发展水平及农业生产水平相适应。中国人口众多，农民占全国人口比重较大。在经济困难的特定时期，城镇负荷能力有限，如果不对城镇人口数量进行控制，不仅会加重市政管理负担，也会给城镇带来交通拥挤、基础设施供应不足、粮食能源供应紧张等不良后果，进而影响社会稳定。

随着社会主义改造和"一五"计划的顺利完成，1958—1961 年我国开始实施以重工业建设为中心的第二个五年计划。受重工业发展、城市建设需要的影响，乡村人口大量涌向城市，造成乡村劳动力减少，并加剧了城市失业的问题。1958 年 1 月，《中华人民共和国户口登记条例》正式颁布，第一次明确将城乡居民区分为"农业户口"和"非农业户口"两种不同户籍，标志着我国城乡二元户籍制度的正式形成。据统计，1958 年有 3200 万人口从乡村迁移到城市，总迁移率高达9.65%，形成新中国成立以来人口迁移强度的最高峰[161]。

为了保障农村有足够的劳动力从事农业生产，解决城市粮食和副食品短缺的问题，1964 年，国务院批转的《公安部关于处理户口迁移的规定（草案）》集中体现了两个"严加限制"基本精神，即限制人口向上级市镇迁移，它不仅包括从农村迁入城市、集镇，还包括从集镇迁入城市。同年，中央批准并下发国家计委提出的《1965 年计划纲要（草案）》，决定从 1964 年起在云、贵、川、陕、甘、宁、青

等西部省区的三线后方地区，开展大规模的工业、交通、国防基础设施建设。1968 年，全国掀起了知识青年上山下乡的热潮，号召城镇知识青年上山下乡和城镇干部、职工到农村就业。此后，公安部具体规定了"农转非"的指标措施，即每年批准转为非农业户口和准予迁入市镇的指标，不得超过批准市镇非农业人口数的 0.15%。这一系列政策的出台，最终形成了以压缩城镇人口、充实农业劳动力为主要特征的户口迁移制度。

这一时期，随着"政社合一"人民公社制度作为乡村治理正式体制的确立，最终形成了"三级所有，队为基础"的农村集体所有土地制度。中央相继发布了《关于改变农村人民公社基本核算单位问题的指示》《农村人民公社工作条例修正草案》和《关于各地对社员宅基地问题作一些补充规定的通知》等文件，规定农村人民公社实行"三级所有，队为基础"体制，土地所有权人民公社、生产大队、生产队三级所有，以生产队为基础，分配核算单位也以生产队为基础，但各社员可以长期使用宅基地，长期不变。

在分配上，实行"各尽所能，按劳分配"的原则，但是，由于农业生产的特殊性，农民集体劳动很容易产生"搭便车"的道德风险问题（比如"出工不出力"），严重挫伤了农民生产的积极性，同时由于当时限制农产品市场交换和由此建立的市场规模，极大限制了社队的劳动分工和盈利能力，导致农村经济只能自给自足。

1958—1977 年，受户籍制度、就业制度和农业生产力水平的影响，中国以乡村人口为主体的人口迁移完成了一个由农村迁往城市又由城市返迁回乡村的 U 形迁移周期[161]。同时，这一时期政府组织的计划"支边"型人口迁移和自发性人口迁移也在继续。1958—1960 年，随着优先发展重工业的工业化战略推进，城市工业生产迅速扩张，劳动力需求急剧增长，由此引发农村人口涌向城市的迁移大潮。此阶段，城市人口每年平均增加 1041 万人，城市化水平年平均增长 1.45 个百分点[162]。到 1960 年，全国城镇人口达到近 1.3 亿，比 1957 年增加 3124 万[163]。1961—1965 年，人口迁移方向发生了显著变化，党中央明确提出不能忽视农业的基础地位，国家开始精简职工，动员城镇人口返乡。据统计，从 1961 年到 1963 年 6 月，全国共精简 1887 万职工，城镇人口减少 2600 万[163]。与此同时，政府组织的"支边""三线"建设的计划人口迁移仍在持续进行。1966—1977 年，以城市知识青年上山下乡和干部下放等为主的全国"逆城市化"人口迁移形成。1967—1976 年，全国城镇知识青年上山下乡人数约为 1402.66 万，约有几百万的城镇机关干部和职工下放到农村劳动[164]。同时，以农业合作化为主要形式的农村社会主义改造，取消土地报酬，确立了农村土地集体所有制，农村土地收益发生重大再分配，地租对农产品价格上升的推动作用被抑制，国家借助农村土地集体所有制改造，为优先发展重工业获得了原始资本积累，使得农业和农村财富向工业和城市集中，以应对当时恶劣的国内外形势。此外，集体化生产方式的转变开始让农民考虑改变之前小农经济的分散居住现状，但没有进行系统的规划。

综上，改革开放前的几十年里我国社会并未见明显的乡村人口收缩、土地收缩现象及其引起的次生问题，但以重工业优先发展战略为代表的制度安排，通过汲取农业剩余，以发动更多资源弥补中央财政不足来实现国家工业化目标、维持城市基本运转的配套制度，诱发制度变迁偏离均衡[165]。在一定条件下实现赶超型工业化的必然制度选择，使得不断增长的农业劳动力被束缚在有限的土地上，农村土地资本化能力被限制，导致农业农村经济社会发展滞后，乡村经济收缩和社会收缩并存叠加，并给我国社会经济发展带来了深远的影响。

第二节 改革开放后乡村收缩的发展历程

一、城乡失衡时期：1978—1991 年

1978 年我国开启了改革开放的漫漫征程，在经济快速发展的同时，逐步放松了人口在城乡之间的流动限制，迅速释放了束缚土地多年的剩余劳动力，乡村经济结构迅速从单一的农业生产向工业化变革，农村经济迅速发展，农民物质生活水平迅速改善，城乡关系由计划性城乡二元结构向市场性城乡二元结构转变。特别是以"包产到户"为特征的家庭联产承包责任制的推广，使中国乡村社会迎来了 20 世纪 80 年代快速发展的一个黄金时期。

1982 年中央一号文件正式肯定家庭联产承包责任制的合法性，明确指出，家庭联产承包责任制是农村改革的主要方向。之后，随着农业科技进步和农业产业结构的调整，东部地区新兴城市的崛起和乡镇企业的发展以及外来资本的进入，产生了对劳动力的巨大需求，加之城乡差距的不断扩大，大量剩余劳动力向发达地区城市和乡镇企业的流动逐渐形成了一定规模，乡村人口收缩开始显现。

1984—1988 年属于允许农民进城务工、经商、兴办服务业、提供各种劳务阶段。1984 年，《中共中央关于经济体制改革的决定》颁布，标志着改革的重心由农村转向了城市。同年，中央相继发布了《关于 1984 年农村工作的通知》《国务院关于农民进入集镇落户问题的通知》等政策文件，规定进入集镇的农民在一定条件下可以办理自理口粮的非农业户口，为农业劳动力的非农转移提供了条件，户籍严控制度开始松动。1985 年国家开始实行"划分税种、核定收支、分级包

干"的财政管理体制，促进地方政府发展乡镇企业，吸引农业劳动力就近转移。在《中共中央、国务院关于进一步活跃农村经济的十项政策》中正式规定国家取消粮食制度，改为合同定购和市场收购，至此取消了我国存在 30 余年的粮食统购派购制度。同年 7 月，公安部制定了《关于城镇暂住人口管理的暂行规定》，允许务工、经商、兴办服务业的农民自理口粮到集镇落户，标志着城市暂住人口管理制度走向健全。9 月，《中华人民共和国居民身份证条例》明确规定，身份证可作为公民身份的凭证，由此打破了"一户一簿"的限制，将户籍管理向现代化推进了一步。到 1988 年，农民工总量在 1.2 亿左右，其中乡镇企业职工约有 9000 万，外出农民工约 3000 万，而跨省流动的人数为 500 万左右[166]。与此同时，随着农村经济结构和农民收入来源的多元化，传统农户大家庭开始"解体"，小规模家庭模式成为主流，家庭结构逐渐核心化。据统计，乡村户数由 1978 年的 17347 万户增长到 1991 年的 22566.2 万户，年均增幅为 2.6%，农村家庭规模由 1978 年的 4.63 人降至 1991 年的 4.01 人①。

　　自 1982 年至 1986 年，我国农村改革史上连续五个一号文件出台并实施，初步构建了"土地集体所有、家庭承包经营、长期稳定承包权、鼓励合法流转"的土地制度框架[167]，与此同时，国家对宅基地的管理日趋规范、具体②。1982 年 2 月，国务院发布《村镇建房用地管理条例》③提出宅基地限额要求，并对特定城镇居民取得宅基地的合法性作出规定。随着乡镇企业异军突起和农村户数增加，产生了大量的建设用地需求。农民开始有了剩余资金，改善居住条件的需求也在这一时期集中爆发，出现了从未有过的建房热。但由于建设速度过快，缺乏规划和监管，许多地方不仅出现了房屋质量安全问题，而且乱占耕地建房、超大块宅基地以及乡镇企业通过果园、林地圈地现象普遍且严重。1981—1985 年，我国共减少了 580 万公顷耕地[168]。从 1978 年到 1991 年，全国乡村共新建房屋 90.8 亿平方米，其中，1986 年新建房屋 9.8 亿平方米，是 1978 年的 9.8 倍（见图 3 - 1）。之后，为了加强对农村宅基地的管理，正确引导农民节约、合理使用土地兴建住宅，严格控制占用耕地，1990 年，国务院批转国家土地管理局《关于加强农村宅基地管理工作的请示》，禁止非农业户口申请宅基地，并开展农村宅基地有

---

　　①资料来源：国家统计局。

　　②在 1981 年《国务院关于制止农村建房侵占耕地的紧急通知》、1982 年《村镇建房用地管理条例》、1986 年《中华人民共和国土地管理法》及 1989 年《关于确定土地权属问题的若干意见》等系列法律政策文件中，对宅基地申请、使用等作出明确的规定。

　　③1982 年 2 月 13 日起施行，已被 1986 年 6 月 25 日公布的《中华人民共和国土地管理法》明令废止。

偿使用试点工作。

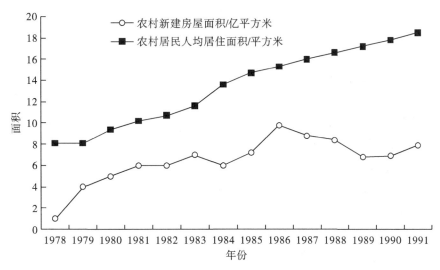

图 3 - 1　乡村新建住宅面积和居民居住情况(1978—1991 年)

资料来源:《中国统计年鉴 1992》。

　　这一时期的人口流动主要发生在经济较发达的地区,包括黑龙江、河南、山东、江苏和安徽等地。农民工主要是通过经营家庭副业和进入当地乡镇企业就业的方式实现就地就近转移,在居住地农村和就业地城镇间辛苦奔波,呈现的是"带地进城""离土不离乡""进厂不进城"的人口流动特点,属于就地转化型,没有实现完全的空间移位,由此,并没有造成乡村人口收缩。在乡村规划上,按照产业特点形成了由集镇、中心村、基层村三个层次组成不同性质的网络组织的村镇体系。但在农户建设住房的热潮中,由于乡村住宅建设科学规划缺失和农村宅基地管理不完善,新建的房屋往往建在村庄外围、交通干道或平整耕地区域,原有住宅低效利用或被废弃闲置,村庄空间无序外扩,导致村庄中心出现大面积的空宅地和废弃地,"外扩内空"的乡村土地收缩现象开始显现。这一阶段乡村收缩的典型特征是村域空心化,可将其划分为同心圆模式、扇形模式和多核心模式三种典型类型。村域空心化与新房扩建占地相伴而生,造成土地资源的双向浪费[169]。

二、城乡关系转折时期:1992—2000 年

　　20 世纪 90 年代,随着社会主义市场经济体制改革目标的确立,我国工业化、城市化进程加快,乡村富余劳动力逐步向非农产业转移和地区内自由流动,形成了以小城镇"最低条件、全面放开",大中城市"取消限额、条件准入"和特大

城市"筑高门槛、开大城门"等为特点的户籍改革模式[170]。广东、上海等地先后废除粮票，取消了对人口流动的许多硬性限制。1993 年 1 月起，国务院通令在全国范围内终止粮票流通，在城镇实行了 30 多年的粮油供给制度退出了历史舞台，农民进城不再受到限制。

1994 年分税制改革后，一方面，地方财政减收后的支出负担向"三农"转嫁，乡镇企业税收和贷款优惠取消，引发乡镇企业破产、倒闭，乡村基层债务暴露等问题，农民非农收入下降，财政支农支出比例不断下降，通过"五统筹"①"三提留"②向农民摊派的比例不断扩大，耕地税费很重，农民负担大幅度增加，种田效益不高，农地弃耕撂荒增加，形成农民外出务工的巨大推力。从 1994 年到 2000 年，国家财政支农支出占财政支出比例从 9.2% 下降到 7.75%。1995 年，全国闲置抛荒耕地约 2.7 万公顷[171]。另一方面，受经济发展战略与城市偏向政策影响，城乡公共物品供给数量和质量差距不断扩大，城市建设和沿海劳动力密集型产业对劳动力需求产生拉力，推拉合力促使农村劳动力开始大规模从乡镇企业向城市迁移。根据世界银行（2014）的报告，2000 年我国进城务工农民工数量大约为 7900 万人，占城市就业人口的 35%。

1997 年《国务院批转公安部小城镇户籍管理制度改革试点方案和关于完善农村户籍管理制度意见的通知》规定已在小城镇就业、居住并符合一定条件的农村人口可以在小城镇办理常住户口。1998 年《国务院批转公安部关于解决当前户口管理工作中的几个突出问题意见的通知》使户籍制度进一步松动。2000 年《中共中央 国务院关于促进小城镇健康发展的若干意见》出台，规定从 2000 年起，凡在县级市市区、县人民政府驻地镇及县以下小城镇有合法固定住所、稳定职业或生活来源的农民，均可根据本人意愿转为城镇户口，并在子女入学、参军、就业等方面享受与城镇居民同等待遇。

这一时期，我国农村土地制度改革进入全面完善、系统的制度性安排和规范的新阶段，"两权分离"模式下的宅基地使用权规范体系日趋完善和具体，并一步步形成了"总量控制，适度调控"的限制流转格局。1993 年，《中共中央 国务院关于当前农业和农村经济发展的若干政策措施》出台，明确规定"为了稳定土地承包关系，鼓励农民增加投入，提高土地的生产率，在原定的耕地承包期到期之后，再延长三十年不变"，"在坚持土地集体所有和不改变土地用途的前提下，经发包

---

① "五统筹"是指农村教育费附加、民兵预备役费、计划生育费、民政优抚费和乡村道路建设费。

② "三提留"是指公积金、公益金和管理费。

方同意，允许土地的使用权依法有偿转让"。为了使 30 年土地承包期进一步得到落实，1995 年《国务院批转农业部关于稳定和完善土地承包关系意见的通知》中首次明确提出建立土地承包经营权流转机制。在《中华人民共和国担保法》中进一步明令限制了宅基地的抵押权。为了有效抑制宅基地过度占用耕地的现象，1997 年《中共中央 国务院关于进一步加强土地管理切实保护耕地的通知》明确规定农村居民每户只能有一处不超过标准的宅基地，多出的宅基地要依法收归集体所有。但是，一些地区仍存在用地秩序混乱、非法转让土地使用权等问题，特别是非法交易农民集体土地的现象比较严重，出现了以开发果园、庄园为名炒卖土地、非法集资的情况。于是，1999 年《国务院办公厅关于加强土地转让管理严禁炒卖土地的通知》首次提出农民的住宅不得向城市居民出售，也不得批准城市居民占用农民集体土地建住宅，从制度上堵住了城市居民下乡买地或租地建房的可能。

　　1992—2000 年，二元结构下城乡差距的扩大同时也催生了乡村劳动力向城市流动的意愿，形成"离土且离乡"的非农就业模式，流动人数呈突发性增长的态势，大规模农民工周期性钟摆式和候鸟型流动，乡村人口收缩明显。经历了1996 年前后的第二次建房热，不仅是"内空外扩""建新不拆旧"，村庄中心的宅基地荒废化，而且新建的房屋由于"人走屋空"而闲置，大量耕地抛荒或撂荒，致使上一阶段形成的村域空心化现象继续加剧。乡村人口收缩和地理意义上的空心化交织在一起，成为这一阶段乡村收缩演进的典型特征。根据李周测算，1990 年农业劳动力转移总量为 8673.1 万人，占农业劳动力总量的比例为 20.65%；1999 年农业劳动力转移总量为 13984.7 万人，占农业劳动力总量的比例为29.82%[172]。2000 年第五次全国人口普查时，流动人口数量为 12107 万人，其中从乡村流出的占 73%。由于农村青壮年劳动力大量流失，农村常住人口年龄结构呈现"两头大、中间小"，即少年儿童和老年人口多，青壮年人口少。根据全国人口普查资料，2000 年乡村居民 60 岁及以上人口的比重为 11.27%，其中 65岁及以上人口的比重为 7.75%。乡村家庭户规模继续保持下降的趋势，2000 年家庭规模为 3.68 人，比 1995 年减少了 0.26 人。随着乡村家庭户规模的缩小，以父母与未婚子女组成的核心家庭为主的二代户是当时最典型的家庭户类型，占家庭户的比重为 59.72%，一代户和三代户分别为 18.21% 和 21.13%，四代及以上户占家庭户的 0.94%。1992—2000 年，我国累计减少耕地 4480.9 万亩①[173]。

　　当乡村加入市场化大潮，快速工业化和城镇化使乡村出现了两种极端的蜕化形态——收缩与扩张。收缩表现为许多村庄中乡村社会和风俗瓦解，商品经济的

---

　　①1 亩≈666.67 平方米。

发展使农村土地的社会保障功能减弱，农村劳动力非农化速度加快，大批农民涌入城镇打工，只留下以妇女、儿童和老人为主的村庄，农田废弃，宅基地"季节性闲置"，传统民居和聚落空间形态严重破坏，乡村精英大量流失，乡土文化迅速瓦解以及自然村落开始大量消失。1992—2000 年，我国乡村个数从 34115 个下降到 24043 个①。扩张的村庄向"拟城化"趋势发展，它们在多轮的撤村并点中兼并了周边的村庄，居民往往多达万人之众，大规模集中居住，共享高标准的城市化的服务设施，走上了与城市端无异的发展道路。据统计，1998 年我国仅建制镇就发展到 1.9 万个，是 1978 年的 5.7 倍，全国建制镇约容纳了 1.5 亿农民定居，完成了由农民转向城镇居民的历史性跨越②。

三、城乡统筹时期：2001—2011 年

21 世纪以来，为适应农村劳动力流动的总体趋势，保护农民工的利益，同时让农业生产要素合理流动，把土地交到"想种好、能种好"的农户手里，避免土地出现抛荒撂荒等乡村收缩现象，国家积极地进行了制度调整，加快了城乡劳动力市场、土地市场改革的步伐。党的十六大提出统筹城乡经济社会发展，消除不利于城镇化发展的体制和政策障碍，消除城乡二元经济结构，引导农村劳动力合理有序流动。中共十六届五中全会提出按照生产发展、生活宽裕、乡风文明、村容整洁、管理民主的要求，推进社会主义新农村建设的重大历史任务。我国进入了"工业反哺农村，城市支持农村，实现工业与农业、城市与农村协调发展"的城乡统筹发展阶段。

2001 年《国务院批转公安部关于推进小城镇户籍管理制度改革意见的通知》，标志着小城镇户籍制度改革全面推进。2003 年江苏省率先在全省取消农业、非农业、蓝印等户口类型，统称为"居民户口"，此后越来越多省份开始进行取消城乡二元户籍的探索。国家政策的调整促进了乡村劳动力向城镇的有序流动。据不完全统计，截至 2005 年底，全国共为 2275.5 万农村人口办理了小城镇户口。2008 年《中共中央关于推进农村改革发展若干重大问题的决定》提出放宽中小城市落户条件。同年，《国务院办公厅关于切实做好当前农民工工作的通知》提出要大力支持农民工返乡创业和投身新农村建设。2010 年《中共中央 国务院关于加大统筹城乡发展力度进一步夯实农业农村发展基础的若干意见》提出，要"采取有针

---

①国家统计局 https：//data.stats.gov.cn/easyquery.htm？cn＝C01.

②国家统计局 https：//www.stats.gov.cn/zt＿18555/ztfx/xzg50nxlfxbg/202303/t20230301＿1920444.html.

对性的措施，着力解决新生代农民工问题"，为农民工平等就业和定居城市提供政策保障。同年，国务院批转发展改革委《关于2010年深化经济体制改革重点工作的意见》，提出在全国范围内推行居住证制度，此后许多省市纷纷进一步降低落户门槛，但大城市落户的门槛依然很高。

这一时期农村土地制度的改革，由健全规范管理制度转向规范管理与有效利用并重，并强调维护农民宅基地使用权的权益。2003年《中华人民共和国农村土地承包法》中明确指出，土地承包经营权可以采取转包、出租、互换、转让或者其他方式流转。2004年《国务院关于深化改革严格土地管理的决定》提出，改革和完善宅基地审批制度，加强农村宅基地管理，禁止城镇居民在农村购置宅基地。同年，国土资源部印发《关于加强农村宅基地管理的意见》，要求各地要因地制宜地组织开展空心村和闲置宅基地、空置住宅、"一户多宅"的调查清理工作。2005年，十六届五中全会提出"新农村建设"，明确从产业、基础设施等八个方面建设新农村，新农村建设由此在全国迅速开展。同年，建设部下发《关于村庄整治工作的指导意见》，要求"村庄整治工作要因地制宜，可采取新社区建设，空心村整理，城中村改造，历史文化名村保护性整治等有效形式"，"适应农村人口和村庄数量逐步减少的趋势，编制县域村庄整治布点规划"，旨在搞好村庄规划建设，改变农村面貌。随后，启动了"大学生村官"计划，为农村基层干部队伍增添新鲜血液。2006年国家废止《中华人民共和国农业税条例》，征收了2600多年的农业税从此退出历史舞台，建立农业支持保护制度，国家与农民关系实现由取到予的历史性转变。2007年第十届全国人民代表大会第五次会议通过的《中华人民共和国物权法》确立了宅基地使用权是用益物权的法律地位。2008年国家开始启动农村土地的确权登记和颁证工作。2010年国土资源部发布《关于进一步完善农村宅基地管理制度切实维护农民权益的通知》，要求逐步引导农民居住适度集中，推进农村居民点撤并整合和小城镇、中心村建设；因地制宜推进空心村治理和旧村改造。

在城乡统筹发展思想的引领下，伴随户籍制度、农村土地制度改革，这一阶段城乡关系进一步缓和，扭转了城乡收入相对差距上一阶段的扩大趋势。但城乡分割的二元劳动力市场，由于农业户口的身份标记，流入城镇的农业户籍人口实际上并不能获得与城镇户籍人口平等的就业机会和岗位，同工不同酬，难以享受城市的医疗、教育等公共服务，城镇社会保障体系也未能覆盖这一群体。所以，城乡在基础设施和基本公共服务方面仍存在较大的差距，农村劳动力流出的人数和速度增加。2001—2011年，城镇居民人均可支配收入与农村居民人均纯收入之比基本稳定在3左右（见图3-2），自2007年以来，城乡居民收入的相对差距持续缩小，到 2011 年下降至 2.89，但绝对差距依然在扩大，从 2001 年的 4417 元扩大到 2011 年的 14033 元。据《2011 年中国农民工调查监测报告》，2011 年全国农民工总量达到 25278 万人，比上年增加 1055 万人，增长 4.4%。其中，外出农民工 15863 万人，增加 528 万人，增长 3.4%。住户中外出农民工 12584 万人，比上年增加 320 万人，增长 2.6%；举家外出农民工 3279 万人，增加 208 万人，增长 6.8%。西部地区农民工 6546 万人，比上年增加 409 万人，增长 6.6%，西部地区农民工占农民工总量的 25.9%。

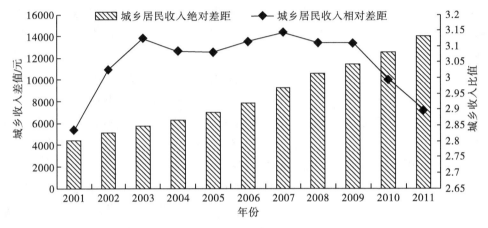

图 3 - 2　　2001—2011 年我国城乡收入差距变动

资料来源：国家统计局。

随着大量农村劳动力进城务工，乡村收缩导致的衍生问题开始凸显，农村宅基地由总量紧缺矛盾转向总量不足与局部闲置的双重矛盾，乡村人口收缩、经济收缩、公共服务供给不足和地理意义上的空心化相互交织成为这一时期乡村收缩的典型特征，并且呈日益加剧的态势。这一时期，随着农业税费的取消以及各种惠农补贴直接到户，乡村经济收缩由国家战略需要导向下的外生收缩转向内生收缩。农民工子女进城读书、富裕农民进城购房以及资金的趋利性，促使大量乡村资金流向城市和二、三产业。2004 年中央财政支持农业各方面的资金比 2003 年增加近 300 亿元，达到 1500 亿元以上，为历史最高水平[174]。2011 年，国家财政用于农村社会事业发展支出 4381.5 亿元，占财政支出的比重为 9.6%，比 2001 年提高了 1.9 个百分点。

2001—2011 年，农村人口占总人口的比重从 62.34% 下降到 48.17%，乡村文化站数量从 37201 个下降到 34139 个，乡镇卫生院数量从 48090 所下降到 37295 所，农村中小学数量从 45.47 万所减少到 19 万所（见表 3 - 1）。乡村劳动力中常年外出务工劳动力 16846.6 万人，占当年乡村劳动力总数的 30.54%。全国集体经营性收入为零的村级集体经济组织占村级组织总数的 52.68%，有集体经营性收入但低于 5 万元的村级组织占比为 27.04%[①]。新型农村社会养老保险参保人数 32643.5 万人，仅占农村总人数的 33.71%。很多农村流动人口虽然长期不在家中居住，但仍然选择回乡建房，特别是在农村劳动力转移充分的偏远地区，宅基地空置化、新建房无序化严重。据统计，2011 年村庄建设用地占全国建设用地总量的 59%，全国 2.4 亿亩村庄建设用地中，空心村内老宅基地闲置面积占宅基地总数的 10%～15%，部分地区宅基地空置率超过 30%[175]。

表 3-1　乡村公共服务供给情况

年份	乡村人口 /万人	乡村人口 占总人口 比重/%	乡村社会事业 发展支出占财政 支出比重/%	乡镇文化站 数量/个	乡镇卫生院 数量/所	农村中小学 数量/万所
2001	79563	62.34	7.7	37201	48090	45.47
2002	78241	60.91	7.2	36054	44992	42.14
2003	76851	59.47	7.1	35138	44279	39.73
2004	75705	58.24	8.2	34879	41626	37.51
2005	74544	57.01	7.2	34593	40907	35.34
2006	73160	55.66	7.9	32706	39975	33.03
2007	71496	54.11	8.7	32976	39876	30.49
2008	70399	53.01	9.5	33367	39080	28.40
2009	68938	51.66	9.5	33378	38475	26.40
2010	67113	50.05	9.5	34121	37836	24.00
2011	64989	48.17	9.6	34139	37295	19.00

资料来源：《中国农村统计年鉴 2012》。

四、城乡融合时期：2012 年至今

党的十八大以来，我国进入中国特色社会主义新时代。党的十八大报告提出，要"加快改革户籍制度，有序推进农业转移人口市民化，努力实现城镇基本公共服务常住人口全覆盖"。2013 年中央一号文件指出，要建立健全符合国情、

①资料来源：《中国农村经营管理统计年报（2011 年）》。

规范有序、充满活力的乡村治理机制。2014 年国务院政府工作报告中提到，要高度重视农村留守儿童、妇女、老人和空心村问题。党的十九大提出实施乡村振兴战略、加快农业转移人口市民化、建立健全城乡融合发展体制机制和政策体系。此后，政府先后制定出台《中共中央 国务院关于实施乡村振兴战略的意见》《乡村振兴战略规划(2018—2022 年)》《中国共产党农村工作条例》和《中华人民共和国乡村振兴促进法》，乡村振兴制度框架和政策体系初步健全。党的二十大报告提出，坚持农业农村优先发展，巩固拓展脱贫攻坚成果，加快建设农业强国，扎实推动乡村产业、人才、文化、生态、组织振兴，对建设农业强国和宜居宜业和美乡村作出部署。

随着新型城镇化、乡村振兴战略深入推进，农业农村现代化建设取得显著成就，城乡收入差距拉大趋势得以扭转，城乡基础设施互联互通、公共服务一体化迈出坚实步伐，工农互促、城乡互补、协调发展、共同繁荣的新型工农城乡关系格局初现端倪。乡村转移劳动力由单纯的进城成为农民工转变为部分农民工落户成为市民、老年农民工返乡、年轻农村劳动力持续外流的新态势，且老年农民工返乡、年轻农村劳动力持续外流会持续很长一个时期。

这一时期，随着国家新型城镇化规划的出台，户籍制度改革同步推进，以加快推进公共服务均等化为改革目标，放开放宽落户限制为主线的全方位、系统化户籍制度改革政策框架已基本构建并不断完善。2014 年《国务院关于进一步推进户籍制度改革的意见》提出，要进一步调整户口迁移政策，统一城乡户口登记制度，全面实施居住证制度，稳步推进义务教育、就业服务、基本养老、基本医疗卫生、住房保障等城镇基本公共服务覆盖全部常住人口。2015 年以来，国家相继颁布《关于 2015 年深化经济体制改革重点工作的意见》《居住证暂行条例》《国务院关于深入推进新型城镇化建设的若干意见》《国务院关于实施支持农业转移人口市民化若干财政政策的通知》及《推动 1 亿非户籍人口在城市落户方案》等政策文件进一步推进了相关工作，力图促进有能力在城镇稳定就业和生活的常住人口有序实现市民化，建立完善的公共服务体系，并推动城乡发展一体化。2019 年《中共中央 国务院关于建立健全城乡融合发展体制机制和政策体系的指导意见》提出，要加快实现城镇基本公共服务常住人口全覆盖，维护进城落户农民在农村的权益，支持引导其依法自愿有偿转让这些权益。2020 年国家发展改革委印发《2020 年新型城镇化建设和城乡融合发展重点任务》，提出推动未落户常住人口逐步享有与户籍人口同等的城镇基本公共服务。之后，江苏、上海、山东、浙江、四川等地也加大了户籍改革的力度，有些省市取消了"农业"与"非农业"的传统户口的划分，逐渐降低了进入大中城市的门槛，放宽了农民进城的各种限制，扩大了农民进城的机会。2022 年《"十四五"新型城镇化实施方案》对中国未来户籍制度改革的方向和目标进行了具体部署，即"放开放宽除个别超大城市外的落户限制，试行以经常居住地登记户口制度"。党的二十大报告进一步提出，推进以人为核心的新型城镇化，加快农业转移人口市民化，建设宜居宜业和美乡村。在这样的背景下，我国事实上已迈入"推进以人为本的农业转移人口市民化"的新阶段。

这一时期，随着工业化、城镇化深入推进，大量农业人口转移到城镇，国家对稳定和完善农村基本经营制度、深化农村土地制度改革提出一系列方针政策，主要包括承包地"三权分置"、维护进城务工落户农民"三权"（土地承包经营权、宅基地使用权、集体收益分配权）、土地经营权入股发展产业化经营、经营权融资担保、工商资本租赁农地监管和风险防范等内容，为促进农村资源要素合理配置、引导土地经营权流转、发展多种形式适度规模经营奠定了制度基础，为乡村收缩治理提供政策支持。2013 年中共十八届三中全会提出，赋予农民对承包地占有、使用、收益、流转及承包经营权抵押、担保权能，允许农民以承包经营权入股发展农业产业化经营。2016 年中共中央办公厅、国务院办公厅印发《关于完善农村土地所有权承包权经营权分置办法的意见》，对"三权分置"作出系统全面的制度安排。2018 年中央一号文件《中共中央 国务院关于实施乡村振兴战略的意见》要求，维护进城落户农民土地承包权、宅基地使用权、集体收益分配权，保障宅基地农户资格权和农民房屋财产权，适度放活宅基地和农民房屋使用权，不得违规违法买卖宅基地。2019 年《中华人民共和国土地管理法》修正，从国家法律层面赋予了农村集体经营性建设用地使用权流转合法地位。同年，《农业农村部关于积极稳妥开展农村闲置宅基地和闲置住宅盘活利用工作的通知》支持农村集体经济组织及其成员采取自营、出租、入股、合作等多种方式盘活闲置宅基地和闲置住宅。2020 年中央一号文件《中共中央 国务院关于抓好"三农"领域重点工作确保如期实现全面小康的意见》要求，以探索宅基地所有权、资格权、使用权"三权分置"为重点，进一步深化农村宅基地制度改革试点。2021 年中央一号文件《中共中央 国务院关于全面推进乡村振兴加快农业农村现代化的意见》进一步要求，积极探索实施农村集体经营性建设用地入市制度，探索宅基地所有权、资格权、使用权分置有效实现形式，规范开展房地一体宅基地日常登记颁证工作。同年施行的《农村土地经营权流转管理办法》有力地保障了土地流转当事人的合法权益，并增加了相关抛荒弃耕内容和惩罚措施，提升农户抛荒弃耕成本预期，降低其抛荒弃耕意愿。2024 年中央一号文件《中共中央 国务院关于学习运用"千村示范、万村整治"工程经验有力有效推进乡村全面振兴的意见》提出，要"整合盘活农村零散闲置土地"所有权、资格权和使用权"三权分置"的有效实现方式仍为改革重点，同时，关于闲置宅基地和闲置住宅的多元盘活利用方式的探索也逐步成为改革重心。

这一时期，随着国家对乡村收缩问题的重视程度和治理力度的加强，乡村人口、社会、经济、土地收缩等问题得到不同程度的缓解，成为这一阶段乡村收缩的主要特征。

一是城乡差距逐步缩小，乡村劳动力返乡现象有所增加，形成人口"逆回流"（见图3-3、图3-4）。若按居民消费水平指标测算，2012—2022年，我国城乡差距总体上来说处于不断缩小的状态，城乡差距从3.17∶1下降到1.98∶1，平均值为2.53。农民工总量增速持续回落，外出半径不断缩小，县域回流明显。据统计，2020年，全国各类返乡入乡创业创新人员达到1010万人，比2019年增加160万人，同比增长19%，有1900多万返乡留乡人员实现了就地就近就业，形成农民工、大学生、退役军人、妇女四支创业队伍[176]。另据国家统计局发布的《农民工监测调查报告》数据，2012—2022年，外出农民工增速呈逐年回落趋势，增速从3.0%下降到1.1%，本地农民工占比从37.79%上升到41.85%。2022年，本地农民工12095万人，比上年增加293万人，增长2.5%。

二是农村集体产权制度改革初见成效，乡村优势特色产业渐成规模，缓解了经济收缩状况。截至2020年底，全国已有超过53万个村完成农村集体产权改革，确认集体经济组织成员9.2亿人，建立农村集体经济组织约96万个。从2012年到2020年，村集体经济组织净资产由1.3万亿元增至3.7万亿元，村均净资产由222万元增至686万元。家庭农场达到390万家，农民合作社超过220万

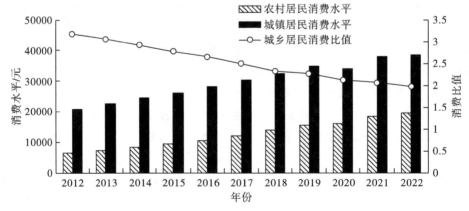

图3-3　2012—2022年城乡差距的历史演变

资料来源：国家统计局。

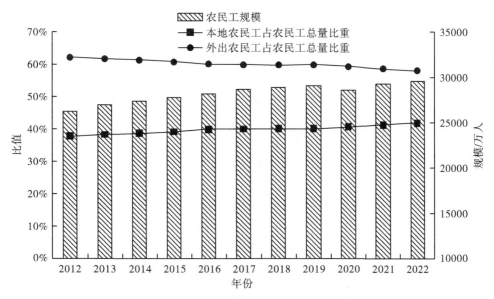

图 3－4　2012—2022 年农民工规模及结构

资料来源：国家统计局。

家，农业社会化服务组织达到 95 万多个①。2022 年，全国累计建设 180 个优势特色乡村产业集群，全产业链产值超过 4.6 万亿元，辐射带动 1000 多万户农民[177]。全国规模以上农产品加工企业营业收入超过 19 万亿元，农产品加工业产值与农业总产值比达到 2.52∶1，农产品加工转化率达 72%。休闲农业营业收入超过 7000 亿元，农产品网络零售额超过 5300 亿元[178]。

　　三是村域生活空间得以优化，宅基地节约集约利用，地理意义上的空心化得到有效整治。第三次全国农业普查数据显示，全国有 99.3% 的村通公路，90.8% 的村委会到最远自然村或居民定居点距离在 5 千米以内，99.7% 的村通电，99.5% 的村通电话，82.8% 的村安装了有线电视，89.9% 的村通宽带互联网，73.9% 的村生活垃圾集中处理或部分处理，91.3% 的乡镇集中或部分集中供水，96.5% 的乡村有幼儿园、托儿所，96.8% 的乡镇有图书馆、文化站，70.6% 的乡镇有公园及休闲健身广场，99.9% 的乡镇有卫生医疗机构。目前，全国已经清查核实集体土地等资源 65.5 亿亩，农村集体资产 7.7 万亿元，其中经营性资产 3.5 万亿元。截至 2018 年底，在第一轮试点改革中，33 个试点地区按新办法

①资料来源：《中国农村政策与改革统计年报（2020 年）》《中国农村经营管理统计年报（2015 年）》。

共腾退出零星、闲置的宅基地约 14 万户、8.4 万亩,办理农房抵押贷款 5.8 万宗、111 亿元。农业农村部数据显示,"十三五"时期安徽金寨、四川泸县、河南长垣、湖北宜城、福建晋江分别退出宅基地 4.85 万亩、2.21 万亩、0.94 万亩、0.72 万亩、0.70 万亩。空壳村(指村集体经济组织没有经营收益或经营收益在 5 万元以下的村)从 46.2 万个降至 24.6 万个,占比由 78.4% 降至 45.6%①。

　　同时,由于中国对资源配置长期存在城市偏向以及受制于人均资源不足、底子薄、历史欠账较多、管理薄弱等原因,我国乡村发展仍然相对滞后,城乡居民的生活水平、城乡公共产品供给仍有差距。自然资源部的不完全统计结果显示,全国至少有 7000 万套农房和 3000 万亩宅基地闲置[179]。我国农村现有集体建设用地 19 万平方千米,相当于城镇建设用地的 2 倍以上,其中 70% 以上为宅基地,而农村目前常住人口不足 40%,数千万亩宅基地处于闲置或低效利用状态[180]。此外,受到政治、自然、经济、社会、技术等多种因素的综合影响,乡村收缩具有形成、发展、成熟和衰退的生命周期性,消除其负面效应需要一定的时间和过程。若不加以有效治理或治理措施不当,未来其累积效应可能会越来越明显,从而导致乡村生产主体老弱化、生产要素非农化、土地空废化、经济衰退化、环境污损化、文化贫瘠化、公共服务萎缩化等乡村收缩衍生问题的出现,最终影响乡村可持续发展。

---

①资料来源:《中国农村政策与改革统计年报(2020 年)》。

第四章　西北地区乡村收缩程度的综合测度

　　乡村劳动力非农化是发展中国家实现城乡二元结构转化的主要机制[181]，当前我国正处在城乡结构转化的加速推进时期，乡村劳动力非农化转移的规模在不断扩大。根据《中国农村统计年鉴(2022)》数据，截至 2021 年，乡村非农化转移劳动力达到 10806 万人，且呈逐年扩大趋势。据国家统计局《2022 年农民工监测调查报告》，2022 年农民工总量达到 29562 万人，比上年增加 311 万人，增长 1.1%，其中，西部地区输出农民工人数增量达 103 万人，占全国总增量的 33.1%。乡村剩余劳动力的非农化迁移是 1978 年改革开放以来我国经济增长奇迹的重要推动力量，但受城乡二元结构的影响，乡村劳动力非农化过度转移引致乡村收缩现象凸显，其循环累积因果效应又将影响甚至阻碍城乡关系转型与乡村全面振兴的进程。

　　由第二章内容可知，学术界针对我国乡村收缩测度问题已经展开了较多研究，但针对我国长时期的定量研究成果有限，而且由于乡村收缩在不同区域、不同发展阶段的特征不同，其内涵在不断丰富，学者们基于自身对乡村收缩理解建立的评价指标体系也各不相同，导致得出的研究结论和政策建议也存在差异。考虑到乡村收缩的测度本质上是对概念内涵的直观体现，而乡村收缩在其他经济体——例如日本的城乡关系演变中出现且至今影响深远(见表 2-1)，因此在跨国比较的意义上把握乡村收缩的内涵，进而提出测度指标和展开实证研究，就具有重要性和必要性，特别是从促进区域协调发展和人民共同富裕的视角来看，欠发达地区乡村收缩需要格外重视。鉴于此，本章基于中日两国学术界对乡村收缩(过疏化)内涵的比较，从人口、经济和社会三个维度出发构建指标体系，对西北地区县域乡村收缩程度进行测算，定量考察乡村收缩时空分异特征及形成机理，这种思路体现出对现有相关研究的边际改进，对我国切实推进城乡融合发展和全面乡村振兴也具有参考价值。

第一节 指标体系、数据来源与研究方法

一、指标体系

遵循乡村收缩的本质，借鉴日本过疏化测度[182]，结合西北各省（区）的实际和数据的可获得性，课题组从人口、经济和社会三个维度提出刻画乡村收缩程度的三个指标，分别为迁移率、财政转移支付依赖度（以下简称财政依赖度）、老年系数。

乡村收缩直观表现为人口的过度流失，采用迁移率表达乡村收缩最基本的特征，即衡量人口收缩水平，指标越大说明人口流失量越大。采用财政转移支付依赖度衡量经济收缩水平，指标越大说明地方财政收支缺口越大，农村二、三产业发展不充分，经济不发达，就业岗位数量不足，表达了乡村收缩的主要原因。采用老年系数衡量社会收缩水平，指标越大说明流向城市的青壮年劳动力越多，乡村主体老弱化，兼业与老人农业盛行，村庄失活，乡村社区的社会空间不平等加剧和乡土社会的有机团结衰落[183]，生产生活困难增加，乡村社会文化生活空间弱化[184]，表达了乡村收缩的主要结果。综上，该指标体系既能把人口流动结构变化的情况单独分离出来，又能区分经济衰退和社会功能退化的各自程度。各指标计算方法如表4-1所示。参考国际划分①，依据计算结果将收缩程度分为深度、高度、中度和轻度四大类，各指标计算结果对应深、高、中、轻等级的阈值如表4-1所示。

表4-1 乡村收缩程度测量指标及划分标准

指标	计算方法	功效性	划分标准			
			轻度	中度	高度	深度
迁移率	流出人口比重＝外出半年以上户籍人口/常住人口	＋	＜5％	[5％，20％)	[20％，30％)	≥30％
财政依赖度	财政依赖度＝1－一般公共预算收入/一般公共预算支出	＋	＜60％	[60％，80％)	[80％，90％)	≥90％
老年系数	65岁及以上老年人口比重＝65岁及以上老年人口/常住人口	＋	＜5％	[5％，10％)	[10％，14％)	≥14％

注："＋"表示值越大收缩程度越高。

---

①按照国际通行划分标准，当一个国家或地区65岁及以上人口占比超过7％时，意味着进入老龄化；达到14％，为深度老龄化；超过20％，则进入超老龄化社会。

二、数据来源

本书数据来源于《陕西省 2000 年人口普查资料》《陕西省 2010 年人口普查资料》《2020 年陕西省人口普查年鉴》《甘肃省 2000 年人口普查资料》《甘肃省 2010 年人口普查资料》《2020 年甘肃省人口普查年鉴》《青海省 2000 年人口普查资料》《青海省 2010 年人口普查资料》《2020 年青海省人口普查年鉴》《宁夏回族自治区 2000 年人口普查资料》《宁夏回族自治区 2010 年人口普查资料》《2020 年宁夏回族自治区人口普查年鉴》《中国人口和就业统计年鉴 2021》及历年各省（区）统计年鉴公布的数据。矢量数据来源于国家基础地理信息中心（NGCC）。新疆维吾尔自治区相关数据缺失较多，故未将其纳入研究区域。此外，考虑到我国县级行政区划中设区一般指地级市的中心城区，泛指城市地区，暂不作为本书研究对象，因此本书将各省（区）县级行政单元作为研究对象。同时，部分县曾有更名和撤县设区（市）情况，考虑研究数据的可比性、延续性和前后名称一致性，以 2000 年各省（区）县级行政区设置为准。

三、研究方法

（一）综合指数计算

本书利用多指标综合测度法综合评价西北各省（区）县域乡村收缩程度，其数学表达式为

$$\text{RHO}_i = \sum_{i=1}^{n} S_i W_i \qquad (4-1)$$

式中，RHO 为乡村收缩指数，S_i 为指标数值，W_i 为指标对应的权重。在指标权重设定时，结合专家咨询并参考相关文献，考虑户籍人口迁移、财政自给能力、老龄化程度均为导致乡村收缩的重要力量，任一方的失衡发展都会引发诸多负面效应，掣肘乡村收缩向实心化转变，因此对各指标预先设定为权重相等，即 $W_i = \dfrac{1}{3}$。由于所选指标计量单位与数量级均一致，不存在量纲影响。

（二）核密度估计

核密度估计属于非参数检验方法，可以直观揭示西北各省（区）县域乡村收缩程度的时空演变特征。以乡村收缩指数测度值为基础，选用高斯核函数，使用 Stata17 软件，通过考察不同时期主峰的分布位置、形态及延展性等揭示西北各省（区）不同时期县域乡村收缩指数分布的动态特征与演进规律，其函数的基本形式为

$$K_n(x) = \frac{1}{nh} \sum_{i=1}^{n} H\left(\frac{X_i - \overline{X}}{h}\right) \qquad (4-2)$$

式中，n 为县样本总数；X_i 为乡村收缩指数，$\overline{X}$ 为乡村收缩指数的均值，h 为带宽，$H\left(\frac{X_i - \overline{X}}{h}\right)$ 为核密度方程。

(三)空间自相关分析

空间自相关分析可以直观反映乡村收缩发展在空间上的分布特征。空间自相关分为全局自相关和局部自相关，分别用全局莫兰指数(Moran's I)和局域莫兰指数(Local Moran's I)来测度。其中全局莫兰指数可以反映特定空间内乡村收缩发展的集聚程度，局域莫兰指数可以探测特定空间具体单元间乡村收缩发展是否存在显著的高值与低值。全局莫兰指数(Moran's I)计算公式为

$$I = \frac{\displaystyle\sum_{i=1}^{n} \sum_{j \neq i}^{n} V_{ij}(X_i - \overline{X})(X_j - \overline{X})}{R^2 \displaystyle\sum_{i=1}^{n} \sum_{j \neq i}^{n} V_{ij}} \qquad (4-3)$$

式中，n 为县(市、旗)样本总数，X_i、X_j 为县 i、j 的乡村收缩指数，$\overline{X}$ 为乡村收缩指数的均值，V_{ij} 为邻接空间权重矩阵，i、j 邻接，则为 1，否则为 0；$R^2 = \frac{1}{n} \sum_{i=1}^{n}(X_i - X)^2$。

局域莫兰指数(Local Moran's I)计算公式为

$$I_i = Z_i \sum_{j \neq i}^{n} V_{ij} Z_j \qquad (4-4)$$

式中，Z_i、Z_j 为县(市、旗) i、j 的乡村收缩指数标准化值；V_{ij} 为邻接空间权重矩阵。

第二节　甘肃省乡村收缩程度的综合测度

一、乡村收缩程度的水平测度及分析

(一)整体评价结果

由表 4-2 可知，2000 年、2010 年、2020 年甘肃省乡村收缩指数均值分别为 26.11%、38.97%、49.98%，年均增长率 3.30%，2020 年相较于 2000 年、2010 年甘肃省乡村收缩程度进一步加深，研究涉及的 65 个县域普遍出现不同程

度的乡村收缩现象。其中，2000 年、2010 年、2020 年乡村收缩指数最高的县域分别为临潭县(34.52%)、皋兰县(46.26%)、永登县(71.94%)，最低的县域分别为玛曲县(8.92%)、肃北县(26.38%)、肃北县(37.98%)。

表 4－2　2000 年、2010 年、2020 年甘肃省乡村收缩程度

单位:%

年份	指标	最大值	最大值地区	最小值	最小值地区	均值	标准差
2000 年	迁移率	12.53	灵台县	0.39	东乡县	4.27	2.23
	财政依赖度	96.00	临潭县	20.71	玛曲县	69.00	17.17
	老年系数	8.08	康县	2.38	阿克塞县	5.06	0.96
	乡村收缩指数	34.52	临潭县	8.92	玛曲县	26.11	5.72
2010 年	迁移率	46.13	皋兰县	3.25	玛曲县	18.94	9.08
	财政依赖度	98.84	舟曲县	62.69	肃北县	89.99	7.45
	老年系数	10.62	通渭县	3.62	阿克塞县	7.98	1.36
	乡村收缩指数	46.26	皋兰县	26.38	肃北县	38.97	3.99
2020 年	迁移率	115.40	永登县	21.99	夏河县	46.80	18.07
	财政依赖度	98.24	临潭县	63.01	皋兰县	90.47	6.57
	老年系数	18.03	民勤县	5.48	玛曲县	12.69	2.58
	乡村收缩指数	71.94	永登县	37.98	肃北县	49.98	6.20

(二)分维度评价结果

本书分别测度了 2000 年、2010 年、2020 年甘肃省 65 个县域以迁移率计算的乡村人口收缩指数。由表 4－2 可知，2000 年、2010 年、2020 年乡村人口收缩指数均值分别为 4.27%、18.94%、46.80%，年均增长率达 12.72%，说明乡村人口收缩程度在不断加深。另外，各地区乡村人口收缩程度也存在显著差异。其中，2000 年、2010 年、2020 年乡村人口收缩指数最高的县域分别为灵台县(12.53%)、皋兰县(46.13%)、永登县(115.40%)，最低的县域分别为东乡县(0.39%)、玛曲县(3.25%)、夏河县(21.99%)。进一步研究发现，2000—2010 年，甘肃省乡村人口收缩深度县域由 0 个增加到 10 个，高度县域由 1 个增加到 16 个，中度县域由 17 个增加到 38 个，轻度县域由 47 个减少到 1 个。2010—2020 年，甘肃省乡村人口收缩深度县域由 10 个增加到 54 个，高度县域由 16 个减少到 11 个，2020 年深度县域占全部县域的比重高达 83.08%，说明甘肃省乡村常住人口持续外流，乡村收缩在地域范围上不断扩大。

本书测度了 2000 年、2010 年、2020 年甘肃省 65 个县域以财政依赖度计算的乡村经济收缩指数。由表 4 - 2 可知，2000 年、2010 年、2020 年甘肃省乡村经济收缩指数分别为 69.00%、89.99%、90.47%，2020 年相较于 2000 年、2010 年分别上升了 21.47 个百分点、0.48 个百分点。另外，各地区乡村经济收缩程度也存在显著差异。其中，2000 年、2010 年、2020 年乡村经济收缩指数最高的县域分别为临潭县（96.00%）、舟曲县（98.84%）、临潭县（98.24%），最低的县域分别为玛曲县（20.71%）、肃北县（62.69%）、皋兰县（63.01%）。进一步研究发现，2000 年、2010 年、2020 年甘肃省乡村经济收缩深度县域分别为 5 个、41 个、38 个，高度县域分别为 30 个、17 个、22 个，中度县域分别为 27 个、7 个、5 个，轻度县域分别为 3 个、0 个、0 个，高度及以上县域占全部县域的比重分别为 53.9%、89.23%、92.31%，说明甘肃省县域财政自给能力在不断弱化，乡村经济收缩程度在不断加重。

本书测度了 2000 年、2010 年、2020 年甘肃省 65 个县域以老年系数计算的乡村社会收缩指数。由表 4 - 2 可知，2000 年、2010 年、2020 年甘肃省乡村社会收缩指数分别为 5.06%、7.98%、12.69%，年均增长率达 4.70%，说明甘肃省乡村社会收缩程度在不断加深。另外，各地区乡村社会收缩程度也存在显著差异。其中，2000 年、2010 年、2020 年乡村社会收缩指数最高的县域分别为康县（8.08%）、通渭县（10.62%）、民勤县（18.03%），最低的县域分别为阿克塞县（2.38%）、阿克塞县（3.62%）、玛曲县（5.48%）。进一步研究发现，2010 年相较于 2000 年，甘肃省乡村社会收缩高度县域由 0 个增加到 5 个，中度县域由 33 个增加到 57 个，轻度县域由 32 个减少到 3 个。2020 年相较于 2010 年，乡村社会收缩深度县域由 0 个增加到 22 个，高度县域由 5 个增加到 35 个，中度县域由 57 个减少到 8 个，轻度县域由 3 个减少到 0 个，高度及以上县域占全部县域比重高达 87.69%，说明随着乡村老龄化程度逐年加重，甘肃省乡村社会收缩程度在不断加深。

二、乡村收缩程度的时空分异特征

乡村收缩程度的演化受地理位置、环境气候和经济社会文化等诸多因素的影响。基于此，依据地域特征与经济社会发展水平，以甘肃省 14 个市（州）为基本空间单元，将甘肃省划分为河西地区、陇中地区、陇东地区、陇南地区和民族地区五个区域，65 个研究县域具体分布见表 4 - 3。

表4-3　甘肃省五大区域所辖县(区)

区域	所辖县(区)
河西地区	酒泉(金塔县、瓜州县、肃北蒙古族自治县、阿克塞哈萨克族自治县)、张掖(临泽县、高台县、山丹县、民乐县、肃南裕固族自治县)、武威(古浪县、民勤县、天祝藏族自治县)、金昌(永昌县)
陇中地区	兰州(永登县、榆中县、皋兰县)、白银(靖远县、景泰县、会宁县)、定西(岷县、渭源县、陇西县、通渭县、漳县、临洮县)
陇东地区	庆阳(庆城县、镇原县、合水县、华池县、环县、宁县、正宁县)、平凉(灵台县、静宁县、崇信县、华亭县、泾川县、庄浪县)
陇南地区	天水(武山县、甘谷县、清水县、秦安县、张家川回族自治县)、陇南(成县、徽县、两当县、宕昌县、文县、康县、西和县、礼县)
民族地区	甘南藏族自治州(临潭县、卓尼县、舟曲县、迭部县、碌曲县、玛曲县、夏河县)、临夏回族自治州(临夏县、康乐县、永靖县、广河县、和政县、东乡族自治县、积石山保安族东乡族撒拉族自治县)

注：华亭县2016年撤县设市。

(一)乡村收缩程度时空动态演进特征

为研究甘肃省乡村收缩程度的时空差异，以乡村收缩指数总体均值的0.85、1、1.15倍为界点划分为轻、中、高、深四大类(见表4-4)。其中，2000年甘肃省乡村收缩深度区域指数均值为32.04%，共21个县，主要呈块状高密度分布于民族地区，散布于陇南地区；高度区域指数均值为27.81%，共15个县，散布于陇南、陇东与河西地区西南端；中度区域指数均值为24.47%，共13个县，呈带状分布于陇中、陇东地区；轻度区域指数均值为18.08%，共16个县，集中分布于河西地区。2010年甘肃省乡村收缩深度区域指数均值为45.69%，共6个县，分别是陇中地区皋兰县、通渭县，陇东地区宁县、泾川县、灵台县和河西地区山丹县；高度区域指数均值为40.97%，共27个县，分布于陇东、陇南和民族地区；中度区域指数均值为37.15%，共28个县，呈带状散布于河西、陇中、陇南和民族地区；轻度区域指数均值为28.15%，仅有4个县，分别为肃北县、崇信县、华亭县和玛曲县。2020年甘肃省乡村收缩深度区域指数均值为60.48%，共有10个县，分别是陇中地区永登县、皋兰县、会宁县，河西地区古浪县、民勤县、永昌县，陇东地区宁县、泾川县、灵台县及陇南地区张家川县；高度区域指数均值为 53.28%，共 17 个县，带状分布于河西地区中部，散布于陇东地区东部、西部和陇中地区北部；中度区域指数均值为 46.51%，共 33 个县，高密度集中分布于民族地区、陇南地区及陇中南部地区；轻度区域指数均值为 40.67%，共有 5 个县（市），分别为肃北县、华亭市、成县、夏河县及玛曲县。总体而言，甘肃省乡村收缩存在显著的区域差异，在空间上呈现出陇东地区＞河西地区＞陇中地区＞陇南地区＞民族地区特征，收缩水平相近的区域在地理空间上表现出明显的空间集聚特征，部分地区有跨类别的互相转变。

　　以 2000 年与 2010 年、2010 年与 2020 年甘肃省乡村收缩指数的差值为基本属性值，以最小整数 0 以及基本属性值总体均值的 1、1.25 倍为界点将 65 个县域划分为低增长型、中增长型、高增长型三大类型（见表 4-4）。2000—2010 年甘肃省乡村收缩指数总体均值增长了 12.86%，乡村收缩程度不断加深。在县域数量分布上，低增长型（34）＞高增长型（22）＞中增长型（9）。2010—2020 年甘肃省 65 个县域乡村收缩指数总体均值增长了 11.01%，虽然增长放缓，但乡村收缩程度进一步加剧，65 个县域乡村收缩指数均出现不同程度的恶化趋势。在县域数量分布上，低增长型（34）＞中增长型（18）＞高增长型（13），低增长型收缩程度县域数量高于中增长型和高增长型收缩程度县域数量。在空间分布上，2000—2010 年甘肃省乡村收缩程度高增长型区域指数增长均值为 19.16%，主要集中分布于河西地区；中增长型区域指数增长均值为 14.02%，散布于陇中、陇东地区；低增长型区域指数增长均值为 8.48%，集中分布于陇南地区、民族地区。总体来看，在空间上形成显著集聚特征。2010—2020 年甘肃省乡村收缩程度高增长型区域指数增长均值为 17.90%，集中分布于陇东东南部崇信、泾川、宁县、灵台等县域，河西中部肃南、永昌、古浪及东部北端民勤等县域，陇中北部永登、靖远、会宁等县域，陇南张家川县和文县；中增长型区域指数增长均值为 12.12%，带状分布于河西肃北、金塔、高台、临泽等县域，陇东静宁、华亭、正宁等县域，陇中皋兰、景泰及漳县等县域，陇南清水、西和等县域；低增长型区域指数增长均值为 7.92%，团状分布于陇中、陇南及民族地区。

表 4－4　甘肃省乡村收缩指数、程度及空间类型分布(2000 年、2010 年、2020 年)

单位:%

地区		2000 年		2010 年			2020 年		
		综合值	程度	综合值	程度	类型	综合值	程度	类型
河西地区	金塔县	21.13	轻度	37.80	中度	高增长	50.75	高度	中增长
	瓜州县	13.05	轻度	34.46	中度	高增长	42.73	中度	低增长
	肃北县	18.24	轻度	26.38	轻度	低增长	37.98	轻度	中增长
	阿克塞县	28.35	高度	39.53	高度	低增长	42.64	中度	低增长
	临泽县	19.72	轻度	38.83	中度	高增长	49.85	中度	中增长
	高台县	19.77	轻度	39.72	高度	高增长	53.43	高度	中增长
	山丹县	19.71	轻度	45.53	深度	高增长	57.09	高度	中增长
	民乐县	21.58	轻度	38.88	中度	高增长	51.52	高度	中增长
	肃南县	22.01	轻度	38.21	中度	高增长	56.48	高度	高增长
	民勤县	23.20	中度	41.60	高度	高增长	58.07	深度	高增长
	古浪县	28.48	高度	36.11	中度	低增长	59.59	深度	高增长
	天祝县	27.56	高度	43.78	高度	高增长	55.13	高度	中增长
	永昌县	18.27	轻度	38.09	中度	高增长	58.19	深度	高增长
陇中地区	永登县	22.59	中度	40.71	高度	高增长	71.94	深度	高增长
	皋兰县	26.98	高度	46.26	深度	高增长	58.53	深度	中增长
	榆中县	25.97	中度	36.38	中度	低增长	43.61	中度	低增长
	靖远县	25.40	中度	38.37	中度	中增长	52.47	高度	高增长
	会宁县	31.62	深度	40.22	高度	低增长	58.21	深度	高增长
	景泰县	26.23	高度	39.33	高度	中增长	50.85	高度	中增长
	通渭县	26.93	高度	46.19	深度	高增长	50.83	高度	低增长
	陇西县	19.45	轻度	38.10	中度	高增长	46.99	中度	低增长
	渭源县	25.74	中度	37.97	中度	低增长	47.43	中度	低增长
	临洮县	23.01	中度	37.35	中度	中增长	46.33	中度	低增长
	漳县	26.58	高度	37.08	中度	低增长	48.50	中度	中增长
	岷县	21.99	轻度	36.65	中度	中增长	43.88	中度	低增长

地区		2000 年		2010 年			2020 年		
		综合值	程度	综合值	程度	类型	综合值	程度	类型
陇东地区	庆城县	14.18	轻度	37.00	中度	高增长	48.92	中度	中增长
	环县	27.30	高度	39.78	高度	低增长	48.80	中度	低增长
	华池县	24.34	中度	38.65	中度	中增长	48.35	中度	低增长
	合水县	30.26	深度	42.74	高度	低增长	52.01	高度	低增长
	正宁县	28.15	高度	41.88	高度	中增长	53.89	高度	中增长
	宁县	28.21	高度	45.32	深度	高增长	61.16	深度	高增长
	镇原县	25.53	中度	42.94	高度	高增长	56.67	高度	中增长
	泾川县	22.39	中度	45.15	深度	高增长	61.29	深度	高增长
	灵台县	24.67	中度	45.67	深度	高增长	59.62	深度	高增长
	崇信县	18.33	轻度	29.61	轻度	低增长	46.46	中度	高增长
	华亭县(市)	13.00	轻度	27.83	轻度	中增长	40.02	轻度	中增长
	庄浪县	30.39	深度	41.79	高度	低增长	52.51	高度	低增长
	静宁县	27.97	高度	41.27	高度	中增长	54.69	高度	中增长
陇南地区	清水县	30.20	深度	41.87	高度	低增长	53.38	高度	中增长
	秦安县	25.20	中度	42.83	高度	高增长	53.55	高度	低增长
	甘谷县	26.90	高度	37.48	中度	低增长	45.95	中度	低增长
	武山县	29.71	高度	36.99	中度	低增长	47.18	中度	低增长
	张家川县	31.03	深度	43.73	高度	低增长	58.23	深度	高增长
	成县	19.88	轻度	36.56	中度	高增长	41.89	轻度	低增长
	文县	28.85	高度	34.26	中度	低增长	48.03	中度	高增长
	宕昌县	32.81	深度	39.90	高度	低增长	44.96	中度	低增长
	康县	31.86	深度	40.05	高度	低增长	46.84	中度	低增长
	西和县	28.90	高度	36.54	中度	低增长	47.60	中度	中增长
	礼县	32.00	深度	40.26	高度	低增长	47.77	中度	低增长
	徽县	24.97	中度	36.85	中度	低增长	46.29	中度	低增长
	两当县	33.67	深度	40.83	高度	低增长	50.53	高度	低增长

续表

地区		2000 年		2010 年			2020 年		
		综合值	程度	综合值	程度	类型	综合值	程度	类型
民族地区	临潭县	34.52	深度	40.01	高度	低增长	49.26	中度	低增长
	卓尼县	34.19	深度	37.21	中度	低增长	44.40	中度	低增长
	舟曲县	33.11	深度	38.62	中度	低增长	46.34	中度	低增长
	迭部县	31.62	深度	40.24	高度	低增长	44.77	中度	低增长
	玛曲县	8.92	轻度	28.79	轻度	高增长	41.10	轻度	中增长
	碌曲县	31.44	深度	34.26	中度	低增长	43.87	中度	低增长
	夏河县	31.71	深度	37.82	中度	低增长	42.36	轻度	低增长
	临夏县	32.61	深度	41.95	高度	低增长	49.78	中度	低增长
	康乐县	31.23	深度	40.65	高度	低增长	45.79	中度	低增长
	永靖县	25.06	中度	40.01	高度	中增长	47.38	中度	低增长
	广河县	31.65	深度	37.52	中度	低增长	43.74	中度	低增长
	和政县	30.57	深度	36.20	中度	低增长	45.29	中度	低增长
	东乡县	32.65	深度	39.43	高度	低增长	48.75	中度	低增长
	积石山县	33.65	深度	39.20	高度	低增长	46.49	中度	低增长
均值		26.11		38.97			49.98		

(二)乡村收缩程度空间关联特征

1. 核密度

为进一步揭示甘肃省乡村收缩程度的空间分布形态和动态演进规律，基于 Stata17 软件对其进行核密度估计，具体结果如图 4-1 所示。可以看出，从 2010 年到 2020 年核密度曲线中心位置大幅度右移，峰度呈现"宽峰—尖峰—宽峰"形态演变趋势，2020 年右尾明显拉长，反映出研究期间甘肃省乡村收缩程度不断加剧，空间差异表现为先缩小后扩大的 U 形特征，空间非均衡程度在逐渐加大。如何缓解这种趋势是亟待解决的问题。

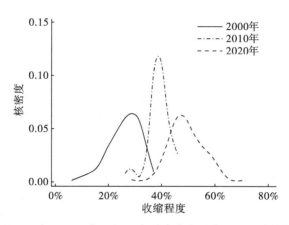

图 4-1　2000 年、2010 年、2020 年甘肃省乡村收缩程度的核密度估计

2. 全局空间自相关分析

运用全局空间自相关技术探讨甘肃省乡村收缩程度的整体关联性，采用 Geoda12 软件计算甘肃省 65 个县域乡村收缩程度的 Moran's I 指数（见图 4-2）。2000 年、2010 年、2020 年甘肃省乡村收缩程度的 Moran's I 均为正值，且均通过了 1‰显著性水平检验，表明甘肃省乡村收缩指数具有空间正相关关系，相邻县域乡村收缩发展程度趋于相似。

3. 局部空间自相关分析

运用 ArcGIS10.2 软件分析 2000 年、2010 年、2020 年甘肃省乡村收缩程度 LISA 集聚情况。由表 4-5 可知，2000 年甘肃省乡村收缩程度高-高型集聚区域呈片状分布于民族地区的临夏县、康乐县、和政县、卓尼县、舟曲县、迭部县；2010 年民族地区退出高-高型集聚区域，高-高型集聚区域主要呈片状分布于陇南地区清水县、秦安县和陇东静宁县；2020 年，除了陇东地区静宁县、正宁县以外，还扩展至泾川县，河西地区的永昌县、天祝县、民乐县、山丹县以及陇中地区景泰县。2000 年低-高型区域只有岷县一个行政单元；2010 年高-低型区域只有阿克塞哈萨克族自治县一个行政单元。2000 年低-低型集聚区域主要分布于河西地区肃北县、肃南县、金塔县和陇东地区崇信县；2010 年低-低型集聚区域主要分布于河西地区金塔县、瓜州县和民族地区碌曲县；2020 年低-低型集聚区域主要分布于民族地区舟曲县、碌曲县以及河西地区阿克塞县、瓜州县。高-高型、低-低型区域呈现明显的空间集聚态势。

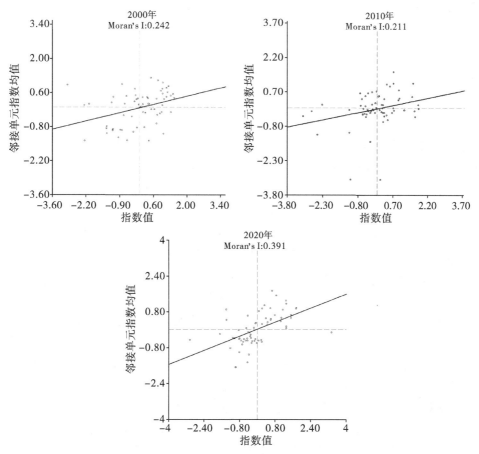

图 4 - 2　2000 年、2010 年、2020 年甘肃省乡村收缩 Moran's I 散点图

表 4 - 5　2000 年、2010 年、2020 年甘肃省乡村收缩程度 LISA 集聚状况

时间	地区	局部特征
2000 年	临夏县、康乐县、和政县、卓尼县、舟曲县、迭部县	高-高
	岷县	低-高
	肃南县、肃北县、金塔县、崇信县	低-低
2010 年	永登县、清水县、秦安县、静宁县、宁县	高-高
	阿克塞县	高-低
	金塔县、瓜州县、碌曲县	低-低
2020 年	永昌县、景泰县、天祝县、民乐县、山丹县、泾川县、正宁县、宁县	高-高
	阿克塞县、瓜州县、舟曲县、碌曲县	低-低

(三)乡村人口、经济、社会收缩程度时空分异特征

2000 年、2010 年、2020 年甘肃省各地区均出现了不同程度的乡村人口、经济、社会收缩现象(见表 4-6)。2000 年、2010 年、2020 年陇东地区乡村人口收缩程度最为严重,为 6.12%、23.92%、55.38%;民族地区乡村人口收缩程度即使最轻,为 2.65%、13.40%、31.25%,2020 年也为深度收缩地区。甘肃省乡村人口收缩程度在 2000 年时间截面呈现陇东地区>河西地区>陇南地区>陇中地区>民族地区的总体分布态势;2010 年、2020 年呈现陇东地区>河西地区>陇中地区>陇南地区>民族地区的分布态势。2000 年陇东、河西和陇南三个地区乡村人口收缩程度均高于全省平均水平;2010 年、2020 年陇东、河西和陇中三个地区乡村人口收缩程度高于全省平均水平,其中,2020 年陇东地区高出全省平均水平 8.22 个百分点,其人口收缩程度与陇南地区、民族地区进一步拉大。2000—2020 年甘肃省各地区乡村人口收缩指数经历"先加速上升,再快速上升"的演化过程,年均增长率呈现陇中地区(15.39%)>河西地区(12.86%)>民族地区(13.13%)>陇东地区(11.64%)>陇南地区(11.39%)的分布态势。

2000 年、2010 年、2020 年均为民族地区乡村经济收缩程度最高,分别为82.80%、92.98%、95.81%,虽然河西地区、陇中地区最低,但也均属于深度经济收缩地区。甘肃省乡村经济收缩指数在 2000 年、2010 年两个时间截面均呈现民族地区>陇南地区>陇中地区>陇东地区>河西地区的总体分布态势,2020年呈现民族地区>陇南地区>陇东地区>河西地区>陇中地区的总体分布态势。2000 年、2010 年、2020 年三个时间截面民族地区和陇南地区乡村经济收缩程度都高于全省平均水平。总体来看,甘肃省各地区乡村经济收缩指数呈现"高值缓慢上升,低值快速上升"特征。2000—2010 年河西、陇中、陇东、陇南和民族地区乡村经济收缩指数分别上升 31.39、22.79、25.88、15.68、10.18 个百分点。2010—2020 年河西、陇东、陇南和民族地区经济收缩指数分别上升 0.06、1.18、1.18、2.83 个百分点,陇中地区下降 3.34 个百分点,说明其乡村经济收缩程度有所改善。

2000 年乡村社会收缩指数最高的地区是陇南地区,为 6.00%;2010 年、2020 年两个时间截面乡村社会收缩指数最高的地区都是陇东地区,分别为8.63%、14.01%。2000 年、2010 年河西地区乡村社会收缩指数最低,分别为4.04%、6.89%;2020 年民族地区最低,为 9.94%,但仍属于高度收缩地区。甘肃省乡村社会收缩程度在 2000 年时间截面呈现陇南地区>民族地区>陇中地区>陇东地区>河西地区的总体分布态势,2010 年呈现陇东地区>陇南地区>陇中地区>民族地区>河西地区的总体分布态势,2020 年呈现陇东地区>陇中

地区＞陇南地区＞河西地区＞民族地区的总体分布态势。2000 年、2010 年、2020 年三个时间截面陇中地区、陇南地区乡村社会收缩程度高于全省平均水平，2020 年各地区乡村社会收缩程度呈现"俱乐部趋同"。2010—2020 年，甘肃省各地区乡村社会收缩指数呈现快速上升的特征，乡村社会收缩指数分别上升 6.00（河西）、5.52（陇中）、5.38（陇东）、4.49（陇南）、2.35（民族）个百分点，其中，河西、陇中和陇东的涨幅分别达到 87.08%、66.03%、62.34%。

表 4-6　甘肃省分地区乡村人口收缩、经济收缩、社会收缩程度

单位：%

年份	地区	人口收缩（迁移率）				经济收缩（财政依赖度）				社会收缩（老年系数）			
		最大值	最小值	均值	程度	最大值	最小值	均值	程度	最大值	最小值	均值	程度
2000	河西地区	7.01（肃北）	2.96（永昌）	4.91	轻度	77.50（古浪）	29.21（瓜州）	55.92	轻度	5.69（民勤）	2.38（阿克塞）	4.04	轻度
	陇中地区	6.29（永登）	1.03（靖远）	3.09	轻度	88.63（会宁）	49.05（陇西）	67.46	中度	5.90（榆中）	4.09（靖远）	5.07	中度
	陇东地区	12.53（灵台）	1.64（镇原）	6.12	中度	79.67（庄浪）	29.54（华亭）	61.48	中度	6.15（静宁）	3.96（庆城）	5.03	中度
	陇南地区	7.88（清水）	2.40（西和）	4.61	轻度	89.09（宕昌）	49.45（成县）	76.16	中度	8.08（康县）	4.53（清水）	6.00	中度
	民族地区	4.58（临夏）	0.39（东乡）	2.65	轻度	96.00（临潭）	20.71（玛曲）	82.80	高度	6.87（夏河）	4.30（玛曲）	5.18	中度
2010	河西地区	37.47（山丹）	5.77（古浪）	20.93	深度	95.63（古浪）	62.69（肃北）	87.31	高度	9.64（民勤）	3.62（阿克塞）	6.89	中度
	陇中地区	46.13（皋兰）	8.71（漳县）	20.04	深度	97.74（会宁）	90.25（永登）	90.25	深度	10.62（通渭）	6.62（岷县）	8.36	高度
	陇东地区	38.48（宁县）	5.03（崇信）	23.92	深度	96.55（庄浪）	64.59（华亭）	87.36	高度	10.25（镇原）	6.86（崇信）	8.63	高度
	陇南地区	29.21（张家川）	7.64（西和）	16.90	高度	96.66（两当）	78.25（文县）	91.84	深度	10.57（康县）	6.84（清水）	8.53	高度
	民族地区	25.61（永靖）	3.25（玛曲）	13.40	高度	98.84（舟曲）	78.22（玛曲）	92.98	深度	9.31（临夏）	4.91（玛曲）	7.59	高度

年份	地区	人口收缩(迁移率)				经济收缩(财政依赖度)				社会收缩(老年系数)			
		最大值	最小值	均值	程度	最大值	最小值	均值	程度	最大值	最小值	均值	程度
2020	河西地区	72.33 (山丹)	27.33 (肃北)	55.15	深度	95.58 (古浪)	78.96 (肃北)	87.37	高度	18.03 (民勤)	7.37 (阿克塞)	12.89	深度
	陇中地区	115.40 (永登)	26.59 (珉县)	54.10	深度	94.94 (珉县)	63.01 (皋兰)	86.91	高度	16.32 (永登)	10.1 (岷县)	13.88	深度
	陇东地区	74.83 (宁县)	46.11 (环县)	55.38	深度	95.25 (镇远)	78.43 (崇信)	88.54	高度	17.17 (泾川)	11.06 (华池)	14.01	深度
	陇南地区	66.42 (张家川)	27.63 (成县)	39.85	深度	96.47 (张家川)	85.52 (徽县)	93.02	深度	15.58 (泰安)	11.8 (张家川)	13.02	深度
	民族地区	41.69 (临夏)	21.99 (夏河)	31.25	深度	98.24 (临潭)	87.79 (永靖)	95.81	深度	13.12 (永靖)	5.48 (玛曲)	9.94	高度

第三节　陕西省乡村收缩程度的综合测度

一、乡村收缩程度的水平测度及分析

(一)整体评价结果

由表4-7可知,2000年、2010年、2020年陕西省乡村收缩指数均值分别为22.93%、36.07%、49.90%,年均增长率3.96%,2020年相较于2000年、2010年陕西省乡村收缩程度进一步恶化,研究涉及的83个县域普遍出现不同程度的乡村收缩现象。其中,2000年、2010年、2020年乡村收缩指数最高的县域分别为子洲县(38.09%)、子洲县(65.20%)、佳县(88.11%),最低的县域分别为潼关县(4.02%)、吴起县(15.01%)、黄陵县(17.10%)。

(二)分维度评价结果

本书分别测度了2000年、2010年、2020年陕西省83个县域以迁移率计算的乡村人口收缩指数。由表4-7可知,2000年、2010年、2020年乡村人口收缩指数均值分别为10.30%、20.26%、49.87%,年均增长率达8.21%,说明乡村人口收缩程度在不断加深。另外,各地区乡村人口收缩程度也存在显著差异。其中，2000 年、2010 年、2020 年乡村人口收缩指数最高的县域分别为子洲县（25.50％）、子洲县（87.44％）、佳县（145.84％），最低的县域分别为永寿县（2.20％）、留坝县（4.68％）、子长市（10.17％）。进一步研究发现，2000—2010 年，陕西省乡村人口收缩深度县域由 0 个增加到 17 个，高度县域由 2 个增加到 14 个，中度县域由 68 个减少到 51 个，轻度县域由 13 个减少到 1 个。2010—2020 年，陕西省乡村人口收缩深度县域由 17 个增加到 78 个，高度县域由 14 个减少到 4 个，2020 年深度县域占全部县域的比重高达 93.98％，说明陕西省乡村常住人口持续外流，乡村收缩在不断蔓延。

表 4 - 7　　2000 年、2010 年、2020 年陕西省省乡村收缩程度

单位：％

年份	指标	最大值	最大值地区	最小值	最小值地区	均值	标准差
2000 年	迁移率	25.50	子洲县	2.20	永寿县	10.30	5.12
	财政依赖度	84.09	子洲县	−0.05	潼关县	52.62	19.05
	老年系数	8.81	留坝县	4.11	志丹县	5.88	1.12
	乡村收缩指数	38.09	子洲县	4.02	潼关县	22.93	7.32
2010 年	迁移率	87.44	子洲县	4.68	留坝县	20.26	14.83
	财政依赖度	97.41	黄龙县	9.51	志丹县	79.34	20.66
	老年系数	11.42	勉县	5.43	志丹县	8.60	1.54
	乡村收缩指数	65.20	子洲县	15.01	吴起县	36.07	8.11
2020 年	迁移率	145.84	佳县	10.17	子长市	49.87	23.26
	财政依赖度	97.74	紫阳县	10.49	黄陵县	84.95	17.60
	老年系数	23.22	佳县	6.59	长安区	14.82	3.11
	乡村收缩指数	88.11	佳县	17.10	黄陵县	49.90	10.67

注：子长县在 2019 年撤县设市，长安县在 2002 年撤县设区，吴旗县 2005 年更名为吴起县。

本书分别测度了 2000 年、2010 年、2020 年陕西省 83 个县域以财政依赖度计算的乡村经济收缩指数。由表 4 - 7 可知，2000 年、2010 年、2020 年陕西省乡村经济收缩指数分别为 52.62％、79.34％、84.95％，2020 年相较于 2000 年、2010 年分别上升了 32.33 个百分点、5.61 个百分点。另外，各地区乡村经济收缩程度也存在显著差异。其中，2000 年、2010 年、2020 年乡村经济收缩指数最高的县域分别为子洲县（84.09％）、黄龙县（97.41％）、紫阳县（97.74％），最低的县域分别为潼关县（-0.05％）、志丹县（9.51％）、黄陵县（10.49％）。进一步研

究发现，2000 年、2010 年、2020 年陕西省乡村经济收缩深度县域分别为 0 个、30 个、48 个，高度县域分别为 6 个、31 个、18 个，中度县域分别为 27 个、9 个、10 个，轻度县域分别为 50 个、13 个、7 个，高度及以上县域占全部县域的比重分别为 7.23%、73.49%、79.52%，说明陕西省县域财政自给能力在不断弱化，乡村经济收缩程度在不断加深。

本书分别测度了 2000 年、2010 年、2020 年陕西省 83 个县域以老年系数计算的乡村社会收缩指数。由表 4-7 可知，2000 年、2010 年、2020 年陕西省乡村社会收缩指数分别为 5.88%、8.60%、14.82%，年均增长率达 4.73%，说明陕西省乡村社会收缩程度在不断加深。另外，各地区乡村社会收缩程度也存在显著差异。其中，2000 年、2010 年、2020 年乡村社会收缩指数最高的县域分别为留坝县（8.81%）、勉县（11.42%）、佳县（23.22%），最低的县域分别为志丹县（4.11%）、志丹县（5.43%）、长安区（6.59%）。进一步研究发现，2010 年相较于 2000 年，陕西省乡村社会收缩高度县域由 0 个增加到 17 个，中度县域由 63 个增加到 66 个，轻度县域由 20 个减少到 0 个。2020 年相较于 2010 年，乡村社会收缩深度县域由 0 个增加到 52 个，高度县域由 17 个增加到 25 个，中度县域由 66 个减少到 6 个，2020 年高度及以上县域占全部县域比重高达 92.77%，说明随着乡村老龄化程度逐年加重，陕西省乡村社会收缩程度在不断加深。

二、乡村收缩程度的时空分异特征

乡村收缩程度的演化受地理位置、环境气候和经济社会文化等诸多因素的影响。基于此，依据地域特征与经济社会发展水平，以陕西省 10 个市为基本空间单元，将陕西省划分为陕北地区、关中地区和陕南地区三个区域，83 个研究县域具体分布见表 4-8。

表 4-8　陕西省五大区域所辖县（区）

区域	所辖县（区）
陕北地区	榆林（神木县、府谷县、横山县、靖边县、定边县、绥德县、米脂县、佳县、吴堡县、清涧县、子洲县）、延安（延长县、延川县、子长县、安塞县、志丹县、吴旗县、甘泉县、富县、洛川县、宜川县、黄龙县、黄陵县）

区域	所辖县（区）
关中地区	西安（长安县、蓝田县、周至县、户县、高陵县）、铜川（耀县、宜君县）、宝鸡（宝鸡县、凤翔县、岐山县、扶风县、眉县、陇县、千阳县、麟游县、凤县、太白县）、咸阳（三原县、泾阳县、乾县、礼泉县、永寿县、彬县、长武县、旬邑县、淳化县、武功县）、渭南（华县、潼关县、大荔县、合阳县、澄城县、蒲城县、白水县、富平县）
陕南地区	汉中（南郑县、城固县、洋县、西乡县、勉县、宁强县、略阳县、镇巴县、留坝县、佛坪县）、安康（汉阴县、石泉县、宁陕县、紫阳县、岚皋县、平利县、镇坪县、旬阳县、白河县）、商洛（洛南县、丹凤县、商南县、山阳县、镇安县、柞水县）

注：神木县 2017 年撤县设市，横山县 2015 年撤县设区，子长县 2019 年撤县设市，安塞县 2011 年撤县设区，吴旗县 2005 年更名吴起县，长安县 2002 年撤县设区，户县 2016 年撤县设鄠邑区，高陵县 2014 撤县设区，耀县 2002 年撤县设耀州区，宝鸡县 2003 年撤县设陈仓区，彬县 2018 年撤县设彬州市，华县 2015 年撤县设华州区，南郑县 2017 年撤县设区，凤翔县 2021 年撤县设区，洵阳县 2021 年撤县设市。

（一）乡村收缩程度时空动态演进特征

为研究陕西省乡村收缩程度的时空差异，以乡村收缩指数总体均值的 0.85、1、1.15 倍为界点划分为轻、中、高、深四大类（见表 4-9）。其中，2000 年陕西省乡村收缩深度区域指数均值 30.55%，共 31 个县，主要高密度分布于陕南秦巴山区、陕北东南部、南部及关中宝鸡北部、南部地区；高度区域指数均值为 24.20%，共 12 个县，主要分布于陕南汉中南部，商洛东南部、西南部，散布于陕北定边县、子长县、关中蓝田县、扶风县；中度区域指数均值为 20.85%，共 14 个县，高密度集中分布于关中地区西部，散布于陕北吴旗县，陕南地区勉县、城固县、旬阳县和洛南县；轻度区域指数均值为 14.38%，共有 26 个县，主要分布在关中中东部，陕北北部、中部地区。2010 年陕西省乡村收缩深度区域指数均值为 46.16%，共 18 个县，主要分布于陕南南部，陕北东南部，关中地区周至县、蓝田县；高度区域指数均值为 37.84%，共 27 个县，分布于陕南汉中周边、安康北部，关中咸阳西部、渭南北部，陕北的延长县、宜川县、黄龙县；中度区域指数均值为 33.85%，共 24 个县，集中分布于关中地区西部、北部，散布于陕北子长县、洛川县、富县，陕南地区东北部；轻度区域指数均值为 23.49%，共有 14 个县，主要分布在陕北北部，散布于关中地区。2020 年陕西省乡村收缩深度区域指数均值为 71.88％，共有 9 个县，主要分布于陕北榆林东南部，关中耀州市、泾阳县；高度区域指数均值为 51.89％，共 32 个县，集中分布于陕南西南、中部及东部地区，散布于关中西南部，陕北甘泉县、延长县、延川县；中度区域指数均值为 47.47％，共 32 个县，高密度集中分布关中中部、东部，陕南西北部；轻度区域指数均值为 31.88％，共有 10 个县，集中分布于陕北榆林北部、延安西南部，关中长安区、高陵区。总体而言，陕西省乡村收缩存在显著的区域差异，在空间上呈现出陕南地区＞关中地区＞陕北地区特征，收缩水平相近的区域在地理空间上表现出明显的空间集聚特征，行政区划调整后市（区）明显低于县（县级市），进一步验证了威尔伯·泽林斯基的人口流动理论。

以 2000 年与 2010 年、2010 年与 2020 年陕西省乡村收缩指数的差值为基本属性值，以最小整数 0 以及基本属性值总体均值的 1、1.25 倍为界点将 83 个县域划分为改善型、低增长型、中增长型、高增长型四大类型（见表 4-9）。2000—2010 年陕西省乡村收缩指数总体均值增长了 13.13％，乡村收缩程度不断加深。在县域数量分布上，低增长型（41）＞高增长型（25）＞中增长型（15）＞改善型（2）。2010—2020 年陕西省 83 个县域乡村收缩指数总体均值增长了 13.83％，乡村收缩程度进一步加剧，83 个县域乡村收缩均出现不同程度的深化趋势。在县域数量分布上，低增长型（45）＞中增长型（20）＞高增长型（16）＞改善型（2）。在空间分布上，2000—2010 年陕西省乡村收缩程度高增长型区域指数增长均值为 21.02％，主要集中分布在关中中部、东部地区，陕南地区城固县、略阳县、勉县，陕北榆林南部；中增长型区域指数增长均值为 14.51％，集中于陕南中西部地区，散布于陕北佳县、绥德县、安塞县、延川县及关中地区陇县、武功县、旬邑县、华县；低增长型区域指数增长均值为 8.62％，集中分布于陕北北部、南部，陕南中东部地区，关中西部地区；改善型区域指数增长均值为 -3.27％，为吴起县、高陵县。总体来看，在空间上形成显著集聚特征。2010—2020 年陕西省乡村收缩程度高增长型区域指数增长均值为 24.06％，集中分布于陕北中部地区，关中西部地区；中增长型区域指数增长均值为 15.25％，集中分布于关中中部地区，陕南东部地区，陕北米脂县、绥德县；低增长型区域指数增长均值为 10.36％，分布于陕南地区中西部，关中地区中东部；改善型区域指数增长均值为 -4.28％，为子长市、黄陵县。

表 4 - 9　陕西省乡村收缩指数、程度及空间类型分布(2000 年、2010 年、2020 年)

单位:%

地区		2000 年		2010 年			2020 年		
		综合值	程度	综合值	程度	类型	综合值	程度	类型
陕北地区	安塞县(区)	10.61	轻度	23.83	轻度	中增长	45.81	中度	高增长
	定边县	24.93	高度	27.31	轻度	低增长	46.18	中度	高增长
	府谷县	18.11	轻度	22.88	轻度	低增长	32.78	轻度	低增长
	富县	26.81	深度	35.27	中度	低增长	41.53	轻度	低增长
	甘泉县	23.04	高度	23.39	轻度	低增长	50.20	高度	高增长
	横山县(区)	26.55	深度	43.03	深度	高增长	60.58	深度	高增长
	黄陵县	18.13	轻度	25.00	轻度	低增长	17.10	轻度	改善型
	黄龙县	32.31	深度	40.71	高度	低增长	49.13	中度	低增长
	佳县	33.47	深度	46.87	深度	中增长	88.11	深度	高增长
	靖边县	17.21	轻度	26.10	轻度	低增长	39.50	轻度	低增长
	洛川县	13.81	轻度	33.74	中度	高增长	44.97	中度	低增长
	米脂县	35.11	深度	53.01	深度	高增长	66.88	深度	中增长
	清涧县	35.76	深度	62.53	深度	高增长	75.13	深度	低增长
	神木县(市)	13.60	轻度	25.50	轻度	低增长	28.43	轻度	低增长
	绥德县	29.87	深度	45.65	深度	中增长	60.85	深度	中增长
	吴堡县	34.79	深度	44.38	深度	低增长	65.67	深度	高增长
	吴起(旗)县	20.68	中度	15.01	轻度	改善型	33.26	轻度	高增长
	延川县	28.90	深度	42.68	深度	中增长	53.41	高度	低增长
	延长县	35.21	深度	37.81	高度	低增长	50.16	高度	低增长
	宜川县	30.99	深度	38.30	高度	低增长	44.95	中度	低增长
	志丹县	10.45	轻度	17.56	轻度	低增长	27.05	轻度	低增长
	子长县(市)	23.56	高度	32.56	中度	低增长	31.90	轻度	改善型
	子洲县	38.09	深度	65.20	深度	高增长	83.80	深度	高增长

续表

地区		2000 年		2010 年			2020 年		
		综合值	程度	综合值	程度	类型	综合值	程度	类型
关中地区	白水县	13.11	轻度	36.65	高度	高增长	49.74	中度	低增长
	宝鸡县（陈仓区）	12.63	轻度	31.75	中度	高增长	54.65	高度	高增长
	彬县（彬州市）	15.90	轻度	28.75	轻度	低增长	43.51	中度	中增长
	澄城县	18.38	轻度	36.55	高度	高增长	50.70	高度	中增长
	淳化县	16.23	轻度	36.76	高度	高增长	52.33	高度	中增长
	大荔县	12.11	轻度	37.24	高度	高增长	48.47	中度	低增长
	凤县	20.25	中度	23.54	轻度	低增长	47.32	中度	高增长
	凤翔县	19.62	中度	31.66	中度	低增长	49.74	中度	高增长
	扶风县	23.35	高度	35.09	中度	低增长	53.03	高度	高增长
	富平县	12.71	轻度	36.23	高度	高增长	45.91	中度	低增长
	高陵县（区）	21.48	中度	20.61	轻度	改善型	29.74	轻度	低增长
	合阳县	16.81	轻度	36.16	高度	高增长	51.57	高度	中增长
	户县（鄠邑区）	13.22	轻度	31.73	中度	高增长	47.81	中度	中增长
	华县（华州区）	12.83	轻度	28.09	轻度	中增长	47.01	中度	高增长
	泾阳县	16.06	轻度	34.92	中度	高增长	78.03	深度	高增长
	蓝田县	25.79	高度	42.27	深度	高增长	52.87	高度	低增长
	礼泉县	13.86	轻度	36.59	高度	高增长	51.11	高度	中增长
	麟游县	30.31	深度	35.10	中度	低增长	45.21	中度	低增长
	陇县	21.34	中度	34.52	中度	中增长	51.27	高度	中增长
	眉县	22.98	高度	34.42	中度	低增长	45.06	中度	低增长
	蒲城县	10.47	轻度	34.18	中度	高增长	44.65	中度	低增长
	岐山县	20.02	中度	32.81	中度	低增长	48.57	中度	中增长
	千阳县	30.31	深度	36.87	高度	低增长	56.71	高度	高增长
	乾县	10.55	轻度	36.95	高度	高增长	49.50	中度	低增长
	三原县	16.44	轻度	33.33	中度	高增长	44.61	中度	低增长
	太白县	29.35	深度	37.44	高度	低增长	48.86	中度	低增长
	潼关县	4.02	轻度	35.05	中度	高增长	48.31	中度	低增长
	武功县	23.05	高度	36.88	高度	中增长	52.04	高度	中增长
	旬邑县	19.28	轻度	35.19	中度	中增长	51.75	高度	中增长
	耀县（耀州区）	20.87	中度	32.03	中度	低增长	67.84	深度	高增长

续表

地区		2000 年		2010 年			2020 年		
		综合值	程度	综合值	程度	类型	综合值	程度	类型
	宜君县	31.75	深度	34.26	中度	低增长	48.33	中度	中增长
	永寿县	20.82	中度	37.45	高度	高增长	48.54	中度	低增长
	长安县(区)	17.98	轻度	21.28	轻度	低增长	37.52	轻度	中增长
	长武县	21.74	中度	32.71	中度	低增长	45.29	中度	低增长
	周至县	21.62	中度	41.97	深度	高增长	51.14	高度	低增长
陕南地区	白河县	30.13	深度	46.46	深度	中增长	53.22	高度	低增长
	城固县	20.23	中度	41.25	高度	高增长	50.67	高度	低增长
	丹凤县	23.71	高度	33.87	中度	低增长	50.12	高度	中增长
	佛坪县	31.17	深度	42.10	深度	低增长	50.93	高度	低增长
	汉阴县	30.45	深度	42.21	深度	低增长	52.79	高度	低增长
	岚皋县	31.99	深度	41.02	高度	低增长	53.00	高度	低增长
	留坝县	26.52	深度	36.95	高度	低增长	48.99	中度	低增长
	洛南县	21.28	中度	32.17	中度	低增长	47.65	中度	中增长
	略阳县	19.39	轻度	37.28	高度	高增长	50.20	高度	低增长
	勉县	19.63	中度	37.01	高度	高增长	46.64	中度	低增长
	南郑县(区)	27.42	深度	38.49	高度	低增长	47.67	中度	低增长
	宁强县	25.42	高度	39.21	高度	中增长	51.46	高度	低增长
	宁陕县	30.00	深度	38.49	高度	低增长	49.77	中度	低增长
	平利县	28.88	深度	42.54	深度	中增长	50.30	高度	低增长
	山阳县	26.87	深度	36.09	高度	低增长	51.18	高度	中增长
	商南县	24.25	高度	35.35	中度	低增长	51.22	高度	中增长
	石泉县	29.84	深度	38.79	高度	低增长	51.72	高度	低增长
	西乡县	27.89	深度	43.95	深度	中增长	52.84	高度	低增长
	旬阳县	22.35	中度	35.34	中度	低增长	49.26	中度	中增长
	洋县	26.86	深度	40.63	高度	中增长	52.43	高度	低增长
	柞水县	26.09	高度	35.23	中度	低增长	49.59	中度	中增长
	镇安县	24.28	高度	37.84	高度	中增长	47.98	中度	低增长
	镇巴县	26.42	深度	42.53	深度	中增长	53.03	高度	低增长
	镇坪县	31.41	深度	41.55	深度	低增长	51.50	高度	低增长
	紫阳县	31.67	深度	41.86	深度	低增长	51.03	高度	低增长
均值		22.93		36.07			49.90		

(二)乡村收缩程度空间关联特征

1. 核密度

为进一步揭示陕西省乡村收缩程度的空间分布形态和动态演进规律，基于Stata17软件对其进行核密度估计，具体结果如图4-3所示。首先，从分布态势来看，2000年到2020年密度函数中心逐渐右移，峰度呈现"宽峰—尖峰—尖峰"形态演变趋势，主峰在2020年之后峰值降低且宽度变大，反映出研究期间陕西省乡村收缩程度不断加深，县域之间乡村收缩程度差距逐步扩大。这是政策制度、县域行政区划调整、社会经济及农户理性选择等多种因素共同作用的结果。其次，从极化趋势来看，曲线在2010年呈"一主两小"双峰格局，随后转变为单峰分布。这表明早期存在两极分化趋势，但后期县域间的绝对差距有一定缩小。最后，从分布的延展性来看，曲线呈右拖尾分布，且随时间推移逐渐拉长。这表明增长较快与增长较慢的县域之间存在"深者更深"效应。

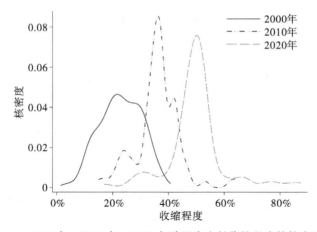

图4-3　2000年、2010年、2020年陕西省乡村收缩程度的核密度估计

2. 全局空间自相关分析

运用全局空间自相关技术探讨陕西省乡村收缩程度的整体关联性，采用Geoda12软件计算陕西省83个县域乡村收缩程度的Moran's I指数(见图4-4)。2000年、2010年、2020年陕西省乡村收缩程度的Moran's I均为正值，且均通过了1%显著性水平检验，表明陕西省乡村收缩指数具有空间正相关关系，相邻县域乡村收缩发展程度趋于相似。

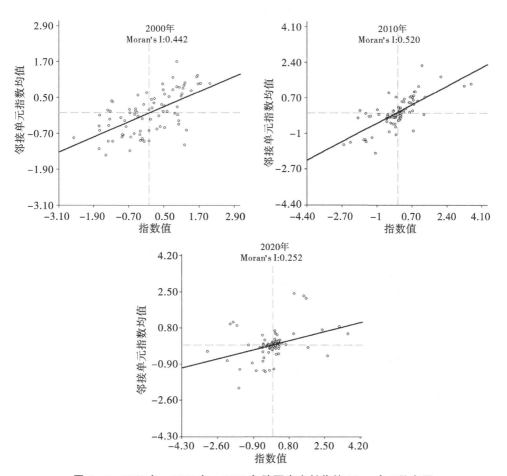

图 4-4　2000 年、2010 年、2020 年陕西省乡村收缩 Moran's I 散点图

3. 局部空间自相关分析

运用 ArcGIS10.2 软件分析 2000 年、2010 年、2020 年陕西省乡村收缩程度 LISA 集聚情况。由表 4-10 可知，2000 年陕西省乡村收缩程度高-高型集聚区域呈片状分布于陕北东南部、陕南安康西部地区；2010 年陕南安康西部地区及陕北延川退出高-高型集聚区域，高-高型集聚区域由东向西扩展；2020 年，高-高型集聚区域收缩至陕北东部绥德县、米脂县、子洲县。2000 年高-低区域只有宜居县、甘泉县两个县域；2010 年高-低区域只有蓝田县一个行政单元；2020 年高-低区域只有宜君县。2010 年低-高区域只有子长县。2000 年低-低型集聚区域主要分布于关中东部、中部地区；2010 年低-低型集聚区域主要分布于陕北西南部地区；2020 年低-低型集聚区域主要分布于陕北西南部、北部地区。高-高型、低-低型区域呈现明显的空间集聚态势。

表 4-10 2000 年、2010 年、2020 年陕西省乡村收缩程度 LISA 集聚状况

时间	地区	局部特征
2000 年	延川县、绥德县、米脂县、吴堡县、清涧县、子洲县、汉阴县、石泉县、紫阳县	高-高
	宜君县、甘泉县	高-低
	耀州区、礼泉县、淳化县、大荔县、澄城县、蒲城县、洛南县	低-低
2010 年	横山区、绥德县、米脂县、吴堡县、清涧县、子洲县	高-高
	蓝田县	高-低
	子长县	低-高
	安塞区、志丹县、吴起县、甘泉县、富县、靖边县、定边县	低-低
2020 年	绥德县、米脂县、吴堡县、子洲县	高-高
	甘泉县	高-低
	子长市	低-高
	宜君县、安塞区、志丹县、吴起县、富县、洛川县、靖边县、定边县、府谷县	低-低

(三) 乡村人口、经济、社会收缩程度时空分异特征

2000 年、2010 年、2020 年陕西省各地区均出现了不同程度的乡村人口、经济、社会收缩现象(见表 4-11)。2000 年、2010 年、2020 年陕北地区乡村人口收缩程度最为严重,为 14.40%、35.88%、62.28%;关中地区乡村人口收缩程度最轻,为 7.25%、11.70%、47.91%。陕西省乡村人口收缩程度在 2000 年、2010 年两个时间截面均呈现陕北地区＞陕南地区＞关中地区的总体分布态势;2020 年呈现陕北地区＞关中地区＞陕南地区的总体分布态势。2000 年、2010 年、2020 年陕北地区乡村人口收缩程度均高于全省平均水平,其中,2020 年陕北地区高出全省平均水平 11.82 个百分点,其人口收缩程度与关中地区、陕南地区进一步拉大。2000—2020 年陕西省各地区乡村人口收缩指数的年均增长率呈现关中地区(9.90%)＞陕北(7.60%)＞陕南地区(6.92%)。

2000 年、2010 年、2020 年均为陕南地区乡村经济收缩程度最高,分别为 61.88%、89.68%、94.32%。陕西省乡村经济收缩指数在 2000 年呈现陕南地区＞陕北地区＞关中地区,2010 年、2020 年两个时间截面均呈现陕南地区＞关中地区＞陕北地区的总体分布态势。2000 年陕南、陕北地区乡村经济收缩程度

高于全省平均水平，2010 年、2020 年两个时间截面陕南、关中地区乡村经济收缩程度都高于全省平均水平。总体来看，陕西省各地区乡村经济收缩指数呈现由北向南依次递增的特征。2000—2010 年陕北、关中、陕南地区乡村经济收缩指数分别上升 8.28、38.08、27.80 个百分点；2010—2020 年陕北、关中、陕南地区乡村经济收缩指数分别上升 8.48、4.40、4.64 个百分点。

表 4－11　陕西省分地区乡村人口收缩、经济收缩、社会收缩程度

单位：%

年份	地区	人口收缩（迁移率）				经济收缩（财政依赖度）				社会收缩（老年系数）			
		最大值	最小值	均值	程度	最大值	最小值	均值	程度	最大值	最小值	均值	程度
2000	陕北地区	25.50（子洲）	5.92（洛川）	14.40	中度	84.09（子洲）	14.16（神木）	56.29	轻度	6.90（府谷）	4.11（志丹）	5.22	中度
	关中地区	16.73（太白）	2.20（永寿）	7.25	中度	76.25（宜君）	－0.05（潼关）	43.58	轻度	7.06（华县）	4.16（永寿）	5.50	中度
	陕南地区	17.83（西乡）	2.84（丹凤）	10.80	中度	75.95（镇平）	38.89（城固）	61.88	中度	8.81（留坝）	5.20（山阳）	7.02	中度
2010	陕北地区	87.44（子洲）	10.44（洛川）	35.88	深度	97.41（黄龙）	9.51（志丹）	64.57	中度	11.22（子洲）	5.43（志丹）	7.59	中度
	关中地区	28.90（蓝田）	6.05（陈仓）	11.70	中度	94.48（大荔）	45.96（长安）	81.66	高度	9.89（耀州）	6.57（潼关）	8.39	中度
	陕南地区	36.39（白河）	4.68（留坝）	17.88	中度	96.32（佛坪）	78.80（南郑）	89.68	高度	11.42（勉县）	7.26（商南）	9.84	中度
2020	陕北地区	145.84（佳县）	10.17（子长）	62.28	深度	97.05（清涧）	10.49（黄陵）	73.05	中度	23.22（佳县）	8.47（志丹）	12.85	高度
	关中地区	127.12（泾阳）	21.53（高陵）	47.91	深度	96.51（淳化）	69.16（长武）	86.06	高度	19.27（岐山）	6.59（长安）	15.06	深度
	陕南地区	49.46（西乡）	33.05（留坝）	41.19	深度	97.74（紫阳）	83.26（南郑）	94.32	深度	19.17（勉县）	13.09（商南）	16.31	深度

2000 年、2010 年、2020 年三个时间截面乡村社会收缩指数最高的地区均是陕南地区，为 7.02%、9.84%、16.31%；陕北地区最低，分别为 5.22%、7.59%、12.85%。陕西省乡村社会收缩程度在 2000 年、2010 年、2020 年三个时间截面均呈现陕南地区＞关中地区＞陕北地区的总体分布态势。2000 年、

2010 年陕南地区乡村社会收缩程度均高于全省平均水平；2020 年陕南、关中地区乡村社会收缩程度高于全省平均水平，2020 年各地区乡村社会收缩程度呈现"俱乐部趋同"。2000—2010 年，陕北、关中、陕南地区乡村社会收缩指数呈现快速上升的特征，乡村社会收缩指数分别上升 2.37、2.89、2.82 个百分点，涨幅分别达到 45.40％、52.55％、40.17％。2010—2020 年，陕北、关中、陕南乡村社会收缩指数分别上升 5.26、6.67、6.47 个百分点，涨幅分别达到 69.30％、79.50％、65.75％。

第四节　青海省乡村收缩程度的综合测度

一、乡村收缩程度的水平测度及分析

(一)整体评价结果

由表 4 - 12 可知，2000 年、2010 年、2020 年青海省乡村收缩指数均值分别为 17.20％、38.41％、46.19％，年均增长率 5.06％，2020 年相较于 2000 年、2010 年青海省乡村收缩程度进一步加深，研究涉及的 37 个县域普遍出现不同程度的乡村收缩现象。其中，2000 年、2010 年、2020 年乡村收缩指数最高的县域分别为达日县(32.28％)、曲麻莱县(44.94％)、化隆县(56.49％)，最低的县域分别为杂多县(−2.45％)、天峻县(18.81％)、甘德县(38.49％)。

表 4 - 12　2000 年、2010 年、2020 年青海省乡村收缩程度

单位：％

年份	指标	最大值	最大值地区	最小值	最小值地区	均值	标准差
2000 年	迁移率	9.88	平安县	1.12	杂多县	4.23	1.93
	财政依赖度	88.84	达日县	−13.99	杂多县	42.58	36.92
	老年系数	6.33	同仁县	3.25	乌兰县	4.80	0.73
	乡村收缩指数	32.28	达日县	−2.45	杂多县	17.20	12.42
2010 年	迁移率	32.52	乌兰县	2.69	称多县	16.88	8.58
	财政依赖度	99.07	称多县	43.45	天峻县	93.09	9.35
	老年系数	7.12	乐都县	3.43	玛多县	5.26	0.85
	乡村收缩指数	44.94	曲麻莱县	18.81	天峻县	38.41	4.39

年份	指标	最大值	最大值地区	最小值	最小值地区	均值	标准差
2020年	迁移率	67.91	化隆县	11.84	甘德县	37.48	13.66
	财政依赖度	99.36	称多县	82.88	共和县	94.01	4.42
	老年系数	12.87	乐都区	4.16	玛多县	7.08	2.22
	乡村收缩指数	56.49	化隆县	38.49	甘德县	46.19	4.46

注：平安县2015年撤县改区，同仁县2020年撤县改市，乐都县2013年撤县改区。

(二)分维度评价结果

本书分别测度了2000年、2010年、2020年青海省37个县域以迁移率计算的乡村人口收缩指数。由表4-12可知，2000年、2010年、2020年乡村人口收缩指数均值分别为4.23%、16.88%、37.48%，年均增长率达11.53%，说明乡村人口收缩程度在不断加深。另外，各地区乡村人口收缩程度也存在显著差异。其中，2000年、2010年、2020年乡村人口收缩指数最高的县域分别为平安县(9.88%)、乌兰县(32.52%)、化隆县(67.91%)，最低的县域分别为杂多县(1.12%)、称多县(2.69%)、甘德县(11.84%)。进一步研究发现，2000—2010年，青海省乡村人口收缩深度县域由0个增加到4个，高度县域由0个增加到9个，中度县域由10个增加到23个，轻度县域由27个减少到1个。2010—2020年，青海省乡村人口收缩深度县域由4个增加到26个，高度县域由9个减少到6个，深度县域占全部县域的比重高达86.49%，说明青海省乡村常住人口持续外流，乡村收缩在不断加深。

本书分别测度了2000年、2010年、2020年青海省37个县域以财政依赖度计算的乡村经济收缩指数。由表4-12可知，2000年、2010年、2020年青海省乡村经济收缩指数分别为42.58%、93.09%、94.01%，2020年相较于2000年、2010年分别上升了51.43个百分点、0.92个百分点。另外，各地区乡村经济收缩程度也存在显著差异。其中，2000年、2010年、2020年乡村经济收缩指数最高的县域分别为达日县(88.84%)、称多县(99.07%)、称多县(99.36%)，最低的县域分别为杂多县(-13.99%)、天峻县(43.45%)、共和县(82.88%)。进一步研究发现，2000年、2010年、2020年青海省乡村经济收缩深度县域分别为0个、32个、28个，高度县域分别为4个、4个、9个，中度县域分别为16个、0个、0个，轻度县域分别为17个、1个、0个，高度及以上县域占全部县域的比重分别为10.81%、97.30%、100%，说明青海省县域财政自给能力在不断弱化，乡村经济收缩程度在不断加深。

本书分别测度了 2000 年、2010 年、2020 年青海省 37 个县域以老年系数计算的乡村社会收缩指数。由表 4-12 可知，2000 年、2010 年、2020 年青海省乡村社会收缩指数分别为 4.80％、5.26％、7.08％，年均增长率达 1.96％，说明青海省乡村社会收缩程度在不断加深。另外，各地区乡村社会收缩程度也存在显著差异。其中，2000 年、2010 年、2020 年乡村社会收缩指数最高的县域分别为同仁县（6.33％）、乐都区（7.12％）、乐都区（12.87％），最低的县域分别为乌兰县（3.25％）、玛多县（3.43％）、玛多县（4.16％）。进一步研究发现，2010 年相较于 2000 年，青海省乡村社会收缩中度县域由 13 个增加到 23 个，轻度县域由24 个减少到 14 个。2020 年相较于 2010 年高度县域由 0 个增加到 5 个，中度县域由 23 个增加到 27 个，轻度县域由 14 个减少到 5 个，2020 年中高度县域占全部县域比重高达 86.49％，说明随着乡村老龄化程度逐年加重，青海省乡村社会收缩程度在不断加深。

二、乡村收缩程度的时空分异特征

乡村收缩程度的演化受地理位置、环境气候和经济社会文化等诸多因素的影响。基于此，依据地域特征与经济社会发展水平，以青海省 8 个市（州）为基本空间单元，将青海省划分东部农业区、环青海湖地区、柴达木盆地、青南牧区，37个研究县域具体分布见表 4-13。

表 4-13　青海省四大区域所辖县（区）

区域	所辖县（区）
东部农业区	西宁（大通回族土族自治县、湟中县、湟源县）、海东（平安县、民和回族土族自治县、乐都县、互助土族自治县、化隆回族自治县、循化撒拉族自治县）、黄南藏族自治州（同仁县、尖扎县）、海南藏族自治州（贵德县）
环青海湖地区	海北藏族自治州（海晏县、刚察县、祁连县、门源回族自治县）、海南藏族自治州（共和县、贵南县）、海西蒙古族藏族自治州（天峻县）
柴达木盆地	海西蒙古族藏族自治州（乌兰、都兰县）
青南牧区	海南藏族自治州（兴海县、同德县）、果洛藏族自治州（玛沁县、玛多县、班玛县、久治县、达日县、甘德县）、玉树藏族自治州（玉树县、杂多县、治多县、称多县、囊谦县、曲麻莱县）、黄南藏族自治州（泽库县、河南蒙古族自治县）

注：同仁县 2020 年撤县改市，湟中县 2020 年撤县改区，平安县 2015 年撤县改区，乐都县 2013 年撤县改区，玉树县 2013 年撤县改市。

（一）乡村收缩程度时空动态演进特征

为研究青海省乡村收缩程度的时空差异，以乡村收缩指数总体均值的 0.85、1、1.15 倍为界点划分为轻、中、高、深四大类（见表 4-14）。其中，2000 年青海省乡村收缩深度区域指数均值 27.33%，共 21 个县，主要高密度分布于环青海湖地区、东部农业区南部、西部地区，青南牧区果洛藏族自治州，柴达木盆地都兰县、乌兰县；轻度区域指数均值为 3.91%，共有 16 个县，主要分布在东部农业区东南部及北部，青南牧区海南藏族自治州、玉树藏族自治州、黄南藏族自治州，环青海湖地区天峻县。2010 年青海省乡村收缩深度区域指数均值为 44.86%，共 2 个县，分别是青南牧区玛多县、曲麻莱县；高度区域指数均值为 40.75%，共 16 个县，分布于东部农业地区东南部，环青海湖地区，青南牧区果洛藏族自治州的玛沁县、达日县，玉树藏族自治州东南部，柴达木盆地乌兰县；中度区域指数均值为 36.98%，共 17 个县，主要分布于东部农业区北部、西部及西南部，环青海湖地区的门源县、贵南县，柴达木盆地的都兰县，青南牧区东部；轻度区域指数均值为 25.36%，共有 2 个县，分别为大通县和天峻县。2020 年青海省乡村收缩深度区域指数均值为 55.45%，共有 3 个县，分别是化隆回族自治县、杂多县、治多县；高度区域指数均值为 48.39%，共 17 个县，主要分布于东部农业区中部，环青海湖地区天峻县、祁连县、门源县、海晏县，柴达木盆地都兰县、乌兰县，青南牧区玛沁县、兴海县、玛多县、曲麻莱县；中度区域指数均值为 42.83%，共 15 个县，主要分布于东部农业区大通县、同仁市、互助县、贵得县，环青海湖地区共和县、刚察县、贵南县，青南牧区东南部；轻度区域指数均值为 38.80%，共有 2 个县，分别是青南牧区玉树市、甘德县。总体而言，青海省乡村收缩存在显著的区域差异，在空间上呈现出东部农业区＞柴达木盆地＞环青海湖地区＞青南牧区特征，收缩水平相近的区域在地理空间上表现出明显的空间集聚特征，部分地区有跨类别的互相转变。

以 2000 年与 2010 年、2010 年与 2020 年青海省乡村收缩指数的差值为基本属性值，以最小整数 0 以及基本属性值总体均值的 1、1.25 倍为界点将 37 个县域划分为改善型、低增长型、中增长型、高增长型四大类型（见表 4-14）。2000—2010 年青海省乡村收缩指数总体均值增长了 21.21%，乡村收缩程度不断加深。在县域数量分布上，低增长型（23）＞高增长型（13）＞中增长型（1）。2010—2020 年青海省 37 个县域乡村收缩指数总体均值增长了 7.78%，乡村收缩程度进一步加剧，37 个县域乡村收缩均出现不同程度的恶化趋势。在县域数量分布上，低增长型(17)＞高增长型(9)和中增长型(9)＞改善型(2)，中、高增长型收缩县域数量少于低增长型收缩县域的数量。在空间分布上，2000—2010 年青海省乡村收缩程度高增长型区域指数增长均值为 37.28％，主要集中分布在青南牧区玉树藏族自治州和黄南藏族自治州，东部农业区平安县、循化县、尖扎县和民和县；中增长型区域指数增长均值为 23.45％，主要是东部农业区的互助县；低增长型区域指数增长均值为 12.03％，集中分布在东部农业区中南部，环青海湖地区，青南牧区果洛藏族自治州，柴达木盆地。总体来看，在空间上形成显著集聚特征。2010—2020 年青海省乡村收缩程度高增长型区域指数增长均值为 14.39％，主要分布于东部农业区东南部及北部，环青海湖地区门源县、天峻县，青南牧区治多县和杂多县；中增长型区域指数增长均值为 8.61％，主要分布于东部农业区尖扎县、湟中区、互助县、贵德县，环青海湖地区祁连县、海晏县，青南牧区玛沁县和兴海县；低增长型区域指数增长均值为 4.91％，集中分布在东部农业区平安区、循化县、同仁市，环青海湖地区贵南县、刚察县、共和县，青南牧区东南部；改善型区域指数增长均值为 －1.34％，为囊谦县、玉树市。

表 4-14 青海省乡村收缩指数、程度及空间类型分布(2000 年、2010 年、2020 年)

单位：％

地区		2000 年		2010 年			2020 年		
		综合值	程度	综合值	程度	类型	综合值	程度	类型
东部农业区	湟源县	28.69	深度	34.53	中度	低增长	51.05	高度	高增长
	平安县(区)	13.36	轻度	42.96	高度	高增长	49.64	高度	低增长
	大通县	11.03	轻度	31.90	轻度	低增长	42.75	中度	高增长
	循化县	7.72	轻度	39.67	高度	高增长	47.39	高度	低增长
	尖扎县	4.71	轻度	38.27	中度	高增长	46.43	高度	中增长
	化隆县	29.48	深度	43.18	高度	低增长	56.49	深度	高增长
	民和县	4.85	轻度	40.25	高度	高增长	51.60	高度	高增长
	乐都县(区)	29.85	深度	38.70	高度	低增长	50.63	高度	高增长
	同仁县(市)	24.43	深度	36.91	中度	低增长	43.72	中度	低增长
	湟中县(区)	25.18	深度	37.63	中度	低增长	46.32	高度	中增长
	互助县	12.77	轻度	36.22	中度	中增长	45.29	中度	中增长
	贵德县	28.70	深度	36.05	中度	低增长	44.10	中度	中增长

地区		2000 年		2010 年			2020 年		
		综合值	程度	综合值	程度	类型	综合值	程度	类型
环青海湖地区	贵南县	26.57	深度	37.09	中度	低增长	44.43	中度	低增长
	门源县	24.15	深度	37.00	中度	低增长	48.58	高度	高增长
	祁连县	21.46	深度	39.66	高度	低增长	47.71	高度	中增长
	天峻县	0.50	轻度	18.81	轻度	低增长	47.69	高度	高增长
	刚察县	23.81	深度	38.42	高度	低增长	43.65	中度	低增长
	共和县	27.59	深度	39.33	高度	低增长	39.72	中度	低增长
	海晏县	27.90	深度	40.10	高度	低增长	49.61	高度	中增长
柴达木盆地	都兰县	23.71	深度	37.32	中度	低增长	46.29	高度	中增长
	乌兰县	29.91	深度	41.04	高度	低增长	48.66	高度	低增长
青南牧区	杂多县	- 2.45	轻度	41.67	高度	高增长	53.51	深度	高增长
	囊谦县	- 0.04	轻度	44.06	高度	高增长	42.70	中度	改善型
	久治县	29.68	深度	37.15	中度	低增长	39.43	中度	低增长
	泽库县	3.76	轻度	36.58	中度	高增长	40.52	中度	低增长
	甘德县	29.11	深度	36.84	中度	低增长	38.49	轻度	低增长
	曲麻莱县	−1.18	轻度	44.94	深度	高增长	49.12	高度	低增长
	河南县	3.70	轻度	37.46	中度	高增长	43.99	中度	低增长
	班玛县	24.74	深度	38.22	中度	低增长	43.20	中度	低增长
	玉树县（市）	3.49	轻度	40.42	高度	高增长	39.11	轻度	改善型
	治多县	−2.19	轻度	43.12	高度	高增长	56.36	深度	高增长
	称多县	− 0.44	轻度	35.64	中度	高增长	41.16	中度	低增长
	达日县	32.28	深度	39.98	高度	低增长	44.95	中度	低增长
	玛沁县	31.93	深度	39.50	高度	低增长	47.59	高度	中增长
	同德县	3.00	轻度	37.83	中度	高增长	42.90	中度	低增长
	兴海县	23.75	深度	37.93	中度	低增长	46.86	高度	中增长
	玛多县	30.97	深度	44.77	深度	低增长	47.41	高度	低增长
均值		17.20		38.41			46.19		

(二)乡村收缩程度空间关联特征

1. 核密度

为进一步揭示青海省乡村收缩程度的空间分布形态和动态演进规律，基于Stata17软件对其进行核密度估计，具体结果如图4-5所示。可以看出，从2010年到2020年核密度曲线中心位置大幅度右移，峰度呈现"宽峰—尖峰—宽峰"形态演变趋势，2020年右尾明显拉长，反映出研究期间青海省乡村收缩程度不断加剧。从极化趋势来看，曲线在2000年呈"两主"双峰格局，随后转变为单峰分布。波峰数量减少，说明早期存在两极分化趋势，但后期两极分化的现象减弱。空间差异表现为先缩小后扩大的 U 形特征，空间非均衡程度在逐渐加深。如何缓解这种趋势是亟待解决的问题。

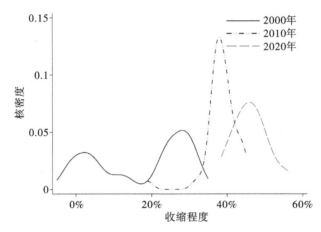

图4-5 2000年、2010年、2020年青海省乡村收缩程度的核密度估计

2. 全局空间自相关分析

运用全局空间自相关技术探讨青海省乡村收缩程度的整体关联性，采用Geoda12软件计算青海省37个县域乡村收缩程度的 Moran's I 指数（见图4-6）。2000年、2010年、2020年青海省乡村收缩程度的 Moran's I 均为正值，且均通过了 1% 显著性水平检验，表明青海省乡村收缩指数具有空间正相关关系，相邻县域乡村收缩发展程度趋于相似。

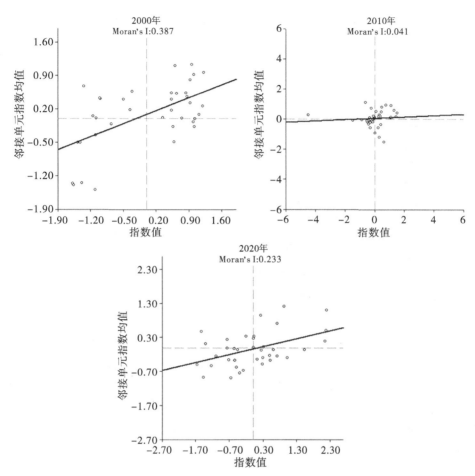

图 4 - 6　2000 年、2010 年、2020 年青海省乡村收缩 Moran's I 散点图

3. 局部空间自相关分析

运用 ArcGIS10.2 软件分析 2000 年、2010 年、2020 年青海省乡村收缩程度 LISA 集聚情况。由表 4 - 15 可知，2000 年青海省乡村收缩程度高-高型集聚区域呈片状分布于青南牧区东南部、西宁市西南部；2010 年青南牧区东南部、西宁市西南部均退出高-高型集聚区域，高-高型集聚区域主要呈片状分布于青南牧区西北部、南部；2020 年高-高型集聚区域仅集中在东部农业区东部。2010 年高-低区域为祁连县、刚察县、乌兰县三个行政单元；2010 年低-高区域只有称多县、都兰县两个行政单元。2000 年低-低型集聚区域主要分布于东部农业区东部；2020 年低-低型集聚区域主要分布于贵南县、达日县、久治县。高-高型、低-低型区域呈现明显的空间集聚态势。

表 4 - 15　2000 年、2010 年、2020 年青海省乡村收缩程度 LISA 集聚状况

时间	地区	局部特征
2000 年	湟中县、共和县、班玛县、甘德县、达日县、久治县	高-高
	玉树县、杂多县、治多县、囊谦县	低-低
2010 年	玉树县、杂多县、治多县	高-高
	祁连县、刚察县、共和县	高-低
	称多县、都兰县	低-高
2020 年	乐都市、民和县、化隆县、循化县	高-高
	贵南县、达日县、久治县	低-低

(三) 乡村人口、经济、社会收缩程度时空分异特征

2000 年、2010 年、2020 年青海省各地区均出现了不同程度的乡村人口、经济、社会收缩现象(见表 4 - 16)。2000 年、2010 年、2020 年柴达木盆地乡村人口收缩程度最为严重,为 6.63%、26.54%、47.62%,2000 年、2020 年青南牧区乡村人口收缩程度最轻,为 3.06%、31.41%。青海省乡村人口收缩程度在 2000 年时间截面呈现柴达木盆地>东部农业区>环青海湖地区>青南牧区的总体分布态势,2010 年呈现柴达木盆地>青南牧区>环青海湖地区>东部农业区的总体分布态势,2020 年呈现柴达木盆地>东部农业区>环青海湖地区>青南牧区的总体分布态势。2000 年东部农业区、环青海湖地区、柴达木盆地乡村人口收缩程度均高于全省平均水平,2010 年柴达木盆地乡村人口收缩程度高于全省平均水平,2020 年东部农业区、柴达木盆地乡村人口收缩程度高于全省平均水平。2000—2020 年青海省各地区乡村人口收缩指数经历"先加速上升、再平稳上升"的演化过程,年均增长率呈现青南牧区(12.35%)>东部农业区(11.39%)>环青海湖地区(10.88%)>柴达木盆地(10.36%)。

2000 年柴达木盆地乡村经济收缩程度最高,2010 年、2020 年均为青南牧区乡村经济收缩程度最高,分别为 97.55%、97.64%,虽然柴达木盆地经济收缩程度相对较低,但也均属于高度经济收缩地区。青海省乡村经济收缩指数在 2000 年呈现柴达木盆地>环青海湖地区>东部农业区>青南牧区的分布态势,2010 年呈现青南牧区>东部农业区>柴达木盆地>环青海湖地区的分布态势,2020 年呈现青南牧区>环青海湖地区>东部农业区>柴达木盆地的分布态势。2000 年环青海湖地区、柴达木盆地乡村经济收缩程度高于全省平均水平,2010 年、2020 年青南牧区乡村经济收缩程度均大于全省平均值。总体来看,青海省

各地区乡村经济收缩指数呈现"高值相对稳定，低值快速上升"特征。2000—2010年东部农业区、环青海湖地区、柴达木盆地、青南牧区乡村经济收缩指数分别上升47.07、30.31、16.32、66.21个百分点；2010—2020年东部农业区、环青海湖地区、柴达木盆地、青南牧区乡村经济收缩指数分别上升－1.07、6.05、1.53、0.09个百分点。

2000年、2010年、2020年三个时间截面乡村社会收缩指数最高的地区均是东部农业区，为5.09％、5.94％、9.74％。2000年、2010年柴达木盆地乡村社会收缩指数最低，分别为3.45％、4.32％，2020年青南牧区乡村社会收缩指数最低，为5.45％。青海省乡村社会收缩程度在2000年、2010年时间截面呈现东部农业区＞青南牧区＞环青海湖地区＞柴达木盆地的总体分布态势，在2020年呈现东部农业区＞柴达木盆地＞环青海湖地区＞青南牧区的总体分布态势。2000年东部农业区、青南牧区乡村社会收缩程度高于全省平均水平，2010年、2020年东部农业区乡村社会收缩程度均高于全省平均水平，2020年各地区乡村社会收缩程度表现为"高者更高"。2000—2010年，青海省各地区乡村社会收缩指数呈现缓慢上升的特征，东部农业区、环青海湖地区、柴达木盆地、青南牧区乡村社会收缩指数分别上升0.85、0.68、0.87、0.02个百分点，涨幅分别达到16.70％、16.08％、25.22％、0.4％；2010—2020年东部农业区、环青海湖地区、柴达木盆地、青南牧区乡村社会收缩指数分别上升3.8、1.46、2.28、0.43个百分点，涨幅分别达到63.97％、29.74％、52.78％、8.57％。

表 4 - 16　青海省分地区乡村人口收缩、经济收缩、社会收缩程度

单位：%

年份	地区	人口收缩(迁移率)				经济收缩(财政依赖度)				社会收缩(老年系数)			
		最大值	最小值	均值	程度	最大值	最小值	均值	程度	最大值	最小值	均值	程度
2000	东部农业区	9.88(平安)	2.39(湟源)	4.97	轻度	78.94(湟源)	3.60(尖扎)	45.13	轻度	6.33(同仁)	4.05(大通)	5.09	中度
	环青海湖地区	7.40(海晏)	3.09(贵南)	4.95	轻度	72.90(共和)	－8.37(天峻)	55.95	轻度	5.02(天峻)	3.58(门源)	4.23	轻度
	柴达木盆地	8.67(都兰)	4.59(乌兰)	6.63	中度	77.82(乌兰)	62.90(都兰)	70.36	中度	3.65(都兰)	3.25(乌兰)	3.45	轻度
	青南牧区	5.36(玛多)	1.12(杂多)	3.06	轻度	88.84(达日)	－13.99(杂多)	31.34	轻度	5.90(久治)	4.19(玛多)	5.00	轻度

续表

年份	地区	人口收缩(迁移率)				经济收缩(财政依赖度)				社会收缩(老年系数)			
		最大值	最小值	均值	程度	最大值	最小值	均值	程度	最大值	最小值	均值	程度
2010	东部农业区	31.27(化隆)	5.70(湟源)	15.93	中度	96.42(同仁)	81.54(大通)	92.20	高度	7.12(乐都)	4.41(化隆)	5.94	中度
	环青海湖地区	25.51(海晏)	7.29(天峻)	16.15	中度	97.16(贵南)	43.45(天峻)	86.26	高度	5.68(天峻)	4.49(共和)	4.91	轻度
	柴达木盆地	32.52(乌兰)	20.55(都兰)	26.54	中度	86.80(都兰)	86.56(乌兰)	86.68	深度	4.61(都兰)	4.03(乌兰)	4.32	轻度
	青南牧区	32.18(玛多)	2.69(称多)	16.70	中度	99.07(称多)	90.29(兴海)	97.55	中度	6.44(班玛)	3.43(玛多)	5.02	中度
2020	东部农业区	67.91(化隆)	26.94(同仁)	42.98	深度	96.70(同仁)	85.38(大通)	91.13	高度	12.87(乐都)	7.51(同仁)	9.74	中度
	环青海湖地区	49.64(天峻)	29.62(贵南)	39.06	深度	97.54(贵南)	82.88(共和)	92.31	深度	8.09(门源)	5.33(天峻)	6.37	中度
	柴达木盆地	51.63(乌兰)	43.62(都兰)	47.62	深度	88.90(都兰)	87.52(乌兰)	88.21	高度	6.82(乌兰)	6.37(都兰)	6.60	中度
	青南牧区	64.58(治多)	11.84(甘德)	31.41	深度	99.36(称多)	93.99(兴海)	97.64	深度	6.91(囊谦)	4.16(玛多)	5.45	中度

第五节　宁夏回族自治区乡村收缩程度的综合测度

一、乡村收缩程度的水平测度及分析

(一)整体评价结果

由表 4-17 可知,2000 年、2010 年、2020 年宁夏回族自治区乡村收缩指数均值分别为 29.63%、40.48%、50.97%,年均增长率 2.75%,2020 年相较于 2000年、2010 年宁夏回族自治区乡村收缩程度进一步恶化,研究涉及的 11 个县域普遍出现不同程度的乡村收缩现象。其中,2000 年、2010 年、2020 年乡村收缩指数最高的县域分别为西吉县(36.88%)、西吉县(51.13%)、彭阳县(61.64%),最低的县域分别为永宁县(19.14%)、贺兰县(27.82%)、贺兰县(36.21%)。

表 4 - 17　2000 年、2010 年、2020 年宁夏回族自治区乡村收缩程度

单位:%

年份	指标	最大值	最大值地区	最小值	最小值地区	均值	标准差
2000 年	迁移率	16.31	盐池县	5.43	中宁县	10.04	3.21
	财政依赖度	94.84	彭阳县	45.65	永宁县	74.64	21.72
	老年系数	5.44	贺兰县	3.04	同心县	4.20	0.86
	乡村收缩指数	36.88	西吉县	19.14	永宁县	29.63	7.68
2010 年	迁移率	49.32	西吉县	15.33	永宁县	29.85	10.59
	财政依赖度	97.59	西吉县	59.48	贺兰县	85.13	13.55
	老年系数	7.91	隆德县	4.75	同心县	6.45	0.97
	乡村收缩指数	51.13	西吉县	27.82	贺兰县	40.48	7.05
2020 年	迁移率	79.04	彭阳县	33.96	永宁县	55.59	13.95
	财政依赖度	97.42	西吉县	64.60	贺兰县	86.82	11.73
	老年系数	14.28	隆德县	7.16	同心县	10.49	1.98
	乡村收缩指数	61.64	彭阳县	36.21	贺兰县	50.97	2.30

(二)分维度评价结果

本书分别测度了 2000 年、2010 年、2020 年宁夏回族自治区 11 个县域以迁移率计算的乡村人口收缩指数。由表 4 - 17 可知,2000 年、2010 年、2020 年乡村人口收缩指数均值分别为 10.04%、29.85%、55.59%,年均增长率达 8.93%,说明乡村人口收缩程度在不断加深。另外,各地区乡村人口收缩程度也存在显著差异。其中,2000 年、2010 年、2020 年乡村人口收缩指数最高的县域分别为盐池县(16.31%)、西吉县(49.32%)、彭阳县(79.04%),最低的县域分别为中宁县(5.43%)、永宁县(15.33%)、永宁县(33.96%)。进一步研究发现,2000—2010 年,宁夏回族自治区乡村人口收缩深度县域由 0 个增加到 6 个,高度县域由 0 个增加到 3 个,中度县域由 11 个减少到 2 个。2010—2020 年,宁夏回族自治区乡村人口收缩深度县域由 6 个增加到 11 个,2020 年深度县域占全部县域的比重高达100%,说明宁夏回族自治区乡村常住人口持续外流,乡村收缩在不断加深。

本书测度了 2000 年、2010 年、2020 年宁夏回族自治区 11 个县域以财政依赖度计算的乡村经济收缩指数。由表 4 - 17 可知,2000 年、2010 年、2020 年宁夏回族自治区乡村经济收缩指数均值分别为 74.64%、85.13%、86.82%,2020 年相较于 2000 年、2010 年分别上升了 12.18 个百分点、1.69 个百分点。另外,

各地区乡村经济收缩程度也存在显著差异。其中，2000 年、2010 年、2020 年乡村经济收缩程度最大的县域分别为彭阳县(94.84%)、西吉县(97.59%)、西吉县(97.42%)，最小的县域分别为永宁县(45.65%)、贺兰县(59.48%)、贺兰县(64.60%)。进一步研究发现，2000 年、2010 年、2020 年宁夏回族自治区乡村经济收缩深度县域分别为 4 个、6 个、6 个，高度县域分别为 2 个、1 个、2 个，中度县域分别为 1 个、3 个、3 个，轻度县域分别为 4 个、1 个、0 个，高度及以上县域占全部县域的比重分别为 54.55%，63.64%、72.73%，说明宁夏回族自治区县域财政自给能力在不断弱化，乡村经济收缩程度在不断加深。

本书测度了 2000 年、2010 年、2020 年宁夏回族自治区 11 个县域以老年系数计算的乡村社会收缩指数。由表 4-17 可知，2000 年、2010 年、2020 年宁夏回族自治区乡村社会收缩指数均值分别为 4.20%、6.45%、10.49%，年均增长率达 4.68%，说明宁夏回族自治区乡村社会收缩程度在不断加深。另外，各地区乡村社会收缩程度也存在显著差异。其中，2000 年、2010 年、2020 年乡村社会收缩程度最高的县域分别为贺兰县(5.44%)、隆德县(7.91%)、隆德县(14.28%)，最低的县域分别为同心县(3.04%)、同心县(4.75%)、同心县(7.16%)。进一步研究发现，2010 年相较于 2000 年，宁夏回族自治区乡村社会收缩中度县域由 3 个增加到 10 个，轻度县域由 8 个减少到 1 个。2020 年相较于2010 年，乡村社会收缩深度县域由 0 个增加到 1 个，高度县域由 0 个增加到 6个，中度县域由 10 个减少到 4 个，轻度县域由 1 个减少到 0 个，2020 年高度及以上县域占全部县域比重高达 63.64%，说明随着乡村老龄化程度逐年加重，宁夏回族自治区乡村社会收缩程度在不断加深。

二、乡村收缩程度的时空分异特征

乡村收缩程度的演化受地理位置、环境气候和经济社会文化等诸多因素的影响。基于此，依据地域特征与经济社会发展水平，以宁夏回族自治区 5 个市为基本空间单元，将宁夏回族自治区划分为北部地区、中部地区、南部地区，11 个研究县域具体分布见表 4-18。

表 4-18　宁夏回族自治区三大区域所辖县(区)

三大区域	所辖县(区)
北部地区	银川(永宁县、贺兰县)、石嘴山(平罗县)
中部地区	吴忠(同心县、盐池县)、中卫(海原县、中宁县)
南部地区	固原(泾源县、隆德县、西吉县、彭阳县)

(一)乡村收缩程度时空动态演进特征

为研究宁夏回族自治区乡村收缩程度的时空差异,以乡村收缩指数总体均值的0.85、1、1.15倍为界点划分为轻、中、高、深四大类(表4-19)。其中,2000年宁夏回族自治区乡村收缩深度区域指数均值为35.83%,共5个县,分别是中部地区同心县、海原县,南部地区泾源县、彭阳县、西吉县;高度区域指数均值为33.29%,共2个县,为隆德县、盐池县;轻度区域指数均值为20.04%,共有4个县,集中分布在北部地区永宁县、贺兰县、平罗县以及中部地区中宁县。2010年宁夏回族自治区乡村收缩深度区域指数均值为51.13%,只有1个县,为南部地区的西吉县;高度区域指数均值为43.94%,共6个县,分布于中部地区盐池县、同心县、海原县以及南部地区泾源县、彭阳县、隆德县;中度区域指数均值为36.13%,共2个县,为平罗县、中宁县;轻度区域指数均值为29.15%,共有2个县,分布在北部地区永宁县、贺兰县。2020年宁夏回族自治区乡村收缩深度区域指数均值为60.45%,共2个县,主要分布于南部地区彭阳县、西吉县;高度区域指数均值为54.53%,共4个县,主要分布于北部地区平罗县,中部地区海原县,南部地区泾源县、隆德县;中度区域指数均值为49.18%,共3个县,主要集中分布于中部地区盐池县、同心县、中宁县;轻度区域指数均值为37.04%,共有2个县,分布在北部地区永宁县、贺兰县。总体而言,宁夏回族自治区乡村收缩存在显著的区域差异,在空间上呈现出南部地区>中部地区>北部地区特征,收缩水平相近的区域在地理空间上表现出明显的空间集聚特征,部分地区有跨类别的互相转变。

以2000年与2010年、2010年与2020年宁夏回族自治区乡村收缩指数的差值为基本属性值,以最小整数0以及基本属性值总体均值的1、1.25倍为界点将11个县域划分为低增长型、中增长型、高增长型三大类型(见表4-19)。2000—2010年宁夏回族自治区乡村收缩指数总体均值增长了10.85%,乡村收缩程度不断加深。在县域数量分布上,低增长型(7)>高增长型(3)>中增长型(1)。2010—2020年宁夏回族自治区11个县域乡村收缩指数总体均值增长了10.49%,乡村收缩程度进一步加剧,11个县域乡村收缩指数均出现不同程度的上升趋势。在县域数量分布上,低增长型(6)>高增长型(3)>中增长型(2),低增长型收缩程度县域数量多于中、高增长型县域数量。在空间分布上,2000—2010年宁夏回族自治区乡村收缩程度高增长型区域指数增长均值为15.26%,主要分布在平罗县、中宁县、西吉县;中增长型区域指数增长均值为11.33%,为永宁县;低增长型区域指数增长均值为 8.90%，分布于北部地区贺兰县，中部地区盐池县、同心县、海原县，南部地区泾源县、彭阳县、隆德县。总体来看，在空间上形成显著集聚特征。2010—2020 年宁夏回族自治区乡村收缩程度高增长型区域指数增长均值为 15.56%，主要分布于南部地区彭阳县、隆德县以及北部地区平罗县；中增长型区域指数增长均值为 12.56%，集中分布于中部地区海原县、中宁县；低增长型区域指数增长均值为 7.26%，主要分布于北部地区永宁县、贺兰县，中部地区盐池县、同心县，南部地区泾源县、西吉县。

表 4-19　宁夏回族自治区乡村收缩指数、程度及空间类型分布(2000 年、2010 年、2020 年)

单位:%

地区		2000 年		2010 年			2020 年		
		综合值	程度	综合值	程度	类型	综合值	程度	类型
北部地区	永宁县	19.14	轻度	30.48	轻度	中增长	37.87	轻度	低增长
	贺兰县	20.29	轻度	27.82	轻度	低增长	36.21	轻度	低增长
	平罗县	19.98	轻度	36.63	中度	高增长	52.8	高度	高增长
中部地区	盐池县	33.35	高度	42.73	高度	低增长	49.97	中度	低增长
	同心县	35.34	深度	44.84	高度	低增长	49.37	中度	低增长
	海原县	35.91	深度	42.19	高度	低增长	54.73	高度	中增长
	中宁县	20.75	轻度	35.62	中度	高增长	48.2	中度	中增长
南部地区	泾源县	35.00	深度	44.69	高度	低增长	52.56	高度	低增长
	彭阳县	36.02	深度	46.38	高度	低增长	61.64	深度	高增长
	西吉县	36.88	深度	51.13	深度	高增长	59.26	深度	低增长
	隆德县	33.23	高度	42.79	高度	低增长	58.03	高度	高增长
均值		29.63		40.48			50.97		

(二)乡村人口、经济、社会收缩程度时空分异特征

2000 年、2010 年、2020 年宁夏回族自治区各地区均出现了不同程度的乡村人口、经济、社会收缩现象(见表 4-20)。2000 年中部地区乡村人口收缩程度最为严重，为 11.46%，2010 年、2020 年两个时间截面均为南部地区乡村人口收缩程度最为严重，为 35.53%、65.61%。2000 年、2010 年、2020 年三个时间截面均为北部地区乡村人口收缩程度最轻，分为 8.05%、21.28%、43.74%。宁夏回族自治区乡村人口收缩程度在 2000 年呈现中部地区＞南部地区＞北部地区

的总体分布态势，2010 年、2020 年均呈现南部地区＞中部地区＞北部地区的总体分布态势。2000 年、2010 年中部地区、南部地区高于全区平均水平，2020 年南部地区乡村人口收缩程度高于全区平均水平 11.01 个百分点，其人口收缩程度与中部地区、北部地区进一步拉大。2000—2020 年宁夏回族自治区各地区乡村人口收缩指数经历"先加速上升、再快速上升"的演化过程，年均增长率呈现南部地区（9.80％）＞中部地区（8.10％）＞北部地区（8.83％）。

　　2000 年、2010 年、2020 年三个时间截面均为宁夏南部地区乡村经济收缩程度最高，分别为 91.61％、95.98％、96.00％。2000 年、2010 年、2020 年三个时间截面均为北部乡村经济收缩程度最低，分别为 46.08％、67.11％、72.83％。宁夏回族自治区乡村经济收缩指数在 2000 年、2010 年、2020 年呈现南部地区＞中部地区＞北部地区的总体分布态势。2000 年、2010 年、2020 年三个时间截面南部地区、中部地区乡村经济收缩程度均高于全区平均水平。总体来看，宁夏回族自治区各地区乡村经济收缩指数呈现"高值稳定增长，低值快速上升"特征。2000—2010 年宁夏北部地区、中部地区、南部地区乡村经济收缩指数分别上升 21.03、8.72、4.37 个百分点。2010—2020 年北部地区、中部地区、南部地区乡村经济收缩指数分别上升 5.72、0.34、0.02 个百分点。

　　2000 年宁夏北部地区乡村社会收缩指数最高，为 5.29％，2010 年、2020 年两个时间截面宁夏南部地区乡村社会收缩指数最高，为 7.22％、12.01％。2000 年、2010 年、2020 年三个时间截面宁夏中部地区乡村社会收缩指数最低，分别为 3.46％、5.62％、9.12％。宁夏回族自治区乡村社会收缩程度在 2000 年呈现北部地区＞南部地区＞中部地区的分布态势，2010 年、2020 年两个时间截面呈现南部地区＞北部地区＞中部地区的总体分布态势。2000 年宁夏北部地区乡村社会收缩程度高于全区平均水平，2010 年宁夏北部地区、南部地区乡村社会收缩程度高于全区平均水平，2020 年宁夏南部地区乡村社会收缩程度高于全区平均水平，各地区乡村社会收缩程度呈现"俱乐部趋同"。2000—2010 年，宁夏回族自治区各地区乡村社会收缩指数呈现缓慢上升的特征，北部地区、中部地区、南部地区乡村社会收缩指数分别上升 1.25、2.16、3.09 个百分点，涨幅分别达到 23.63％、62.43％、74.82％。2010—2020 年，宁夏回族自治区各地区乡村社会收缩指数呈现快速上升的特征，北部地区、中部地区、南部地区乡村社会收缩指数分别上升 3.77、3.50、4.79 个百分点，涨幅分别达到 57.65％、62.28％、66.34％。

表 4 - 20　宁夏回族自治区分地区乡村人口收缩、经济收缩、社会收缩程度

单位:%

年份	地区	人口收缩(迁移率)				经济收缩(财政依赖度)				社会收缩(老年系数)			
		最大值	最小值	均值	程度	最大值	最小值	均值	程度	最大值	最小值	均值	程度
2000	北部地区	9.38 (贺兰)	6.67 (永宁)	8.05	中度	46.55 (平罗)	45.65 (永宁)	46.08	轻度	5.44 (贺兰)	5.11 (永宁)	5.29	中度
	中部地区	16.31 (盐池)	5.43 (中宁)	11.46	中度	93.35 (海原)	53.30 (中宁)	79.08	中度	4.03 (盐池)	3.04 (同心)	3.46	轻度
	南部地区	13.38 (西吉)	9.41 (彭阳)	10.11	中度	94.84 (彭阳)	85.46 (隆德)	91.61	深度	4.84 (泾源)	3.53 (西吉)	4.13	轻度
2010	北部地区	30.67 (平罗)	15.33 (永宁)	21.28	高度	71.72 (平罗)	59.48 (贺兰)	67.11	中度	7.50 (平罗)	5.97 (永宁)	6.54	中度
	中部地区	41.44 (盐池)	21.62 (中宁)	30.61	深度	96.61 (海原)	79.19 (中宁)	87.80	高度	6.41 (盐池)	4.75 (同心)	5.62	中度
	南部地区	49.32 (西吉)	23.23 (德隆)	35.53	高度	97.59 (西吉)	92.73 (彭阳)	95.98	深度	7.91 (隆德)	6.47 (西吉)	7.22	中度
2020	北部地区	62.44 (平罗)	33.96 (永宁)	43.74	深度	83.64 (平罗)	64.60 (贺兰)	72.83	中度	12.33 (平罗)	9.20 (贺兰)	10.31	高度
	中部地区	53.28 (盐池)	22.97 (海源)	54.46	深度	96.62 (海原)	77.51 (盐池)	88.14	高度	10.58 (盐池)	7.16 (同心)	9.12	中度
	南部地区	79.04 (彭阳)	50.49 (泾源)	65.61	高度	97.42 (西吉)	93.82 (彭阳)	96.00	深度	14.28 (彭阳)	10.05 (西吉)	12.01	高度

第五章 城乡转型背景下乡村收缩的形成机理研究

"中国乡土社区的单位是村落，从三家村起可以到几千户的大村。"[185]村庄是中国行政区划中最小的单位，具有时空的固定性和社会的固定性特征[186]，是中国乡村最重要的载体。村庄是乡村经济、社会、政治、生活所有的代表，是将农民、农户和其他组织包括国家串联起来的最重要的东西[187]，是中国乡村振兴的基本空间单元。受环境条件、地理区位、资源禀赋、发展历史、产业基础等因素的综合作用和影响，不同区域或同一区域的村庄在经济、社会和文化等多个维度上呈现出了异质化趋势[188]，在异质性资源禀赋的基础上做好收缩村庄分类调查是有效实现乡村精明收缩的逻辑起点与基本前提。因此，结合第四章结论，本章先从宏观角度揭示乡村收缩的形成机理，再以甘肃省为例，在实际调研基础上，从村域视角对收缩村庄的现状及影响因素进行实证研究，并从微观角度阐述乡村收缩的形成原因及治理对策。

第一节 乡村收缩的宏观形成机理

作为一个正处在城乡结构转变中的大国，我国与其他经济体相类似，乡村收缩是城乡从分割对立向融合共生转变过程中伴生的具有较大负面效应的社会现象，但与其他经济体相区别，我国的城乡结构转化涉及的人口和地理规模举世罕见[189]，乡村收缩的形成机理、演化机制与影响因素的综合性、复杂性、广泛性也异乎寻常。乡村收缩是城乡分割对立的必然结果，城乡融合共生是破解乡村收缩困局的根本途径，但乡村收缩扩散又会加剧城乡分割进而影响城乡融合共生。在此背景下，本书借鉴现有文献并结合中国乡村发展的现实国情，尝试阐释乡村收缩的形成机理。究其根源，有四方面原因。

一、资源禀赋与地理区位

资源禀赋和地理区位差异是决定乡村收缩演化的客观条件。资源禀赋和地理区位的优劣导致了生产成本、土地利用方式、产业结构及居业环境舒适度的区域差异，进一步影响区域人口流动方向、特征及聚集程度。

首先，农业生产活动极易受到自然灾害和气候变化的影响[190]。若原生活地自然环境恶劣或脆弱、资源短缺或自然灾害频发会导致产业发展受限，当生存空间难以承载足够的人口生计来源时，会推动人口加速流失，从而出现资源禀赋约束型收缩乡村。比如，甘肃省虽然土地面积广阔，但山地多平地少，水资源十分有限，部分地区农业生产条件差，仅务农所得无法维持农户的基本生计开支，于是进城务工增加收入——谋生性流动便成为大多数农户家庭的理性选择。据甘肃省第三次国土调查资料①，甘肃省耕地中，水田仅占 0.08%，旱地占比高达 71.98%，坡度 15°以上的耕地占 36.75%。笔者曾调研的山丹县 LJ 乡，地处祁连山支脉焉支山（大黄山）北麓浅山区，年降雨量仅 213 毫米，水资源严重短缺，有 80% 以上的劳动力常年在外务工，部分村庄青壮年劳动力外出率甚至高达 95%，村内留守的只有少数老人和以放牧为主的部分农户，"有地无水灌、有田无人耕、有房无人住、有籍人不在"现象较为突出。进一步研究发现，2000年、2010 年西北各省（区）乡村人口收缩指数最高的前 10 个县域大都是原国家级或省级贫困县（见表 5-1），说明自然资源禀赋匮乏所导致的生计困难是诱发乡村收缩的主要因素。

表 5-1　2000 年、2010 年西北各省（区）乡村人口收缩率（迁移率）最高的前 10 个县域

a. 2000 年

地区		迁移率/%	地区	迁移率/%	地区		迁移率/%	地区		迁移率/%
甘肃	灵台县	12.53	子洲县	25.50	青海	平安县	9.88	宁夏	盐池县	16.31
	正宁县	9.93	清涧县	22.09		都兰县	8.67		西吉县	13.38
	泾川县	9.33	吴旗县	19.34		乐都县	7.84		同心县	12.99
	清水县	7.88	子长县	19.05		海晏县	7.40		海原县	11.10
	合水县	7.35	延长县	18.48		民和县	5.94		隆德县	9.91
	两当县	7.07	绥德县	17.86		化隆县	5.91		彭阳县	9.41
	肃北县*	7.01	西乡县	17.83		共和县	5.59		贺兰县*	9.38
	阿克塞县*	6.90	汉阴县	17.44		刚察县	5.51		平罗县	8.08
	肃南县	6.62	紫阳县	17.03		玛多县	5.36		泾源县	7.75
	宁县	6.36	神木县*	16.99		尖扎县	5.30		永宁县*	6.67

（陕西列：子洲县、清涧县、吴旗县、子长县、延长县、绥德县、西乡县、汉阴县、紫阳县、神木县*）

①资料来源：《甘肃省第三次全国国土调查主要数据公报》。

b. 2010 年

地区	迁移率/%	地区	迁移率/%	地区	迁移率/%	地区	迁移率/%
甘肃 皋兰县	46.13	陕西 子洲县	87.44	青海 乌兰县	32.52	宁夏 西吉县	49.32
宁县	38.48	清涧县	79.36	玛多县	32.18	盐池县	41.44
山丹县	37.47	子长县	53.01	曲麻莱县	32.09	彭阳县	39.39
永登县	36.28	米脂县	52.77	化隆县	31.27	同心县	34.71
正宁县	33.79	延川县	43.79	囊谦县	28.29	平罗县	30.67
天祝县	32.33	神木县*	38.91	平安县	27.78	泾源县	30.17
灵台县	32.26	横山县	38.40	治多县	26.41	海原县	24.68
通渭县	31.37	志丹县	37.76	海晏县	25.51	隆德县	23.23
泾川县	30.84	延长县	37.71	民和县	22.63	中宁县	21.62
肃南县	30.15	白河县	36.39	杂多县	21.70	贺兰县*	17.83

注：* 表示非原国家级或省级贫困县。

其次，地理区位也是影响乡村收缩程度的重要因素。过往研究认为，乡村收缩主要发生在区位条件较差，缺乏足够"地理资本"的自然村落[53]。比如，甘肃陇南地区受地理区位、自然资源等因素影响，交通设施建设落后，经济发展滞后，乡村青壮年劳动力大量外出，导致其经济、社会收缩程度相对较高。除此以外，本书发现越靠近中心城市的乡村，受城市虹吸效应影响，乡村收缩程度也越深。除此以外，本书发现越靠近中心城市，区位条件越好的地域，交通通达性越好，非农化迁移条件越便利，受城市虹吸效应影响，乡村收缩程度也越深。比如，甘肃皋兰县位于兰州市城乡接合部，属于典型的黄土高原丘陵沟壑区，干旱少雨，大部分耕地在沟岔，土壤肥力较差，人均耕地仅 0.13 公顷，在优越的区位条件和恶劣的自然条件双重作用下，乡村劳动力大量外流，乡村收缩程度较高。甘肃陇中地区虽然以兰州市为核心，但其工业布局主要集中于城镇，对乡村的带动作用有限，随着城乡差距不断扩大，青壮年劳动力向城市转移，社会收缩程度不断加深。

二、经济发展与要素流动

工业化和城市化交织的经济发展与技术进步是导致乡村收缩时空分异的直接原因。经典人口迁移理论认为，人口流动的根源在于追逐地区间经济发展差异带来的预期收入或工作机会，有一技之长和受过良好教育的年轻劳动力最先转移[191]，而技术进步带来农业生产率的提高为这种转移创造了先决条件。改革开放以来，中国省会城市及区域中心城市经济发展中的虹吸效应，使得乡村人口、资本等各类要素源源不断向城市单向聚集，为城市发展创造了巨大的要素红利。与此同时，乡村由于人力资本等要素资源不足而陷入累积因果窘境，进而出现密集城市和空心乡村两极分化。2018 年我国 34 个都市圈的土地总面积仅占全国 24%，但总人口占全国 59%，GDP 占全国的 77.8%[192]。国家统计局数据显示，2020 年，上海全体居民人均可支配收入（72232 元），是甘肃（20335 元）的近 3.6 倍，财政自给率（86.97%）是甘肃（21%）的 4.1 倍，人口密度（3923 人/平方千米）是甘肃（58.72 人/平方千米）的 66.8 倍、陕西（198 人/平方千米）的 19.8 倍、青海（8.2 人/平方千米）的 478.4 倍、宁夏（108.47/平方千米）的 36.17 倍。国家统计局第六次和第七次全国人口普查数据显示，甘肃省作为人口净流出省份（2020 年常住人口比 2010 年减少了 55.54 万人），2020 年城乡收入差距为 3.27 倍，高于全国 2.56 倍的平均水平。如果把基础教育、公共医疗、社会保障等公共服务考虑在内，城乡差距可能远高于这个数字。第二次、第三次全国农业普查资料显示，2006—2016 年，甘肃省农业从业人员规模从 983.64 万人下降到 875.48 万人，10 年减少了 108.16 万人。2019 年甘肃省农民工监测调查报告显示，外出农民工 40 岁以下的占 65.2%，高中及以上文化程度的占 29.2%，在直辖市、省会城市、地级市从业的占 74.9%，劳动力流动呈现明显的新生代、向核心城市集中的特征。再比如，甘肃陇东地区虽然拥有丰富的煤炭和石油等资源，但地貌复杂，土壤较为贫瘠，生态环境由于长期的资源开采较为脆弱，乡村人口总量大，社会资源配置压力大，乡村生活质量较差，因此，其人口、社会收缩的程度相对高于其他地区，而经济收缩程度低于其他地区。

三、历史基础与社会文化

历史基础与社会文化是导致县域乡村收缩时空分异的重要原因。乡村收缩现象不是在自然条件下形成的，而是具有历史延续性。县域空间的历史基础和社会文化直接影响其开发历史、思想观念、风俗习惯和教育文化等方面，以地缘、血缘、族缘为关系纽带，总体上制约或驱动乡村收缩的形成与发展。西北民族地区经济发展相对落后、信息闭塞、教育水平落后、思想观念落后、汉语水平低、就业技能落后，并受其相对独特的文化和宗教信仰影响，社会功能发育滞后且发展缓慢，人口流动受阻。因此，其乡村人口收缩、社会收缩程度低于其他地区，而经济收缩程度高于其他地区。比如宁夏回族自治区 2020 年常住人口比 2010 年增加 901304 人，增长 14.3%，年均增长 1.35%，是人口净增加的地区。青海省常住人口 5923957 人，与 2010 年第六次全国人口普查数据相比，增加 297235 人，增长 5.28%，年均增长 0.52%。相反，甘肃省乡村收缩程度较高的河西地区，从历史和文化角度观察，"移民实边，徙民屯垦"政策为其开发和繁荣提供了充足的劳动力，多元民族文化融合为劳动力的流动提供了广泛、充分的社会支持，由亲戚、好友和同乡构成的"移民信息和亲属关系社会网络"产生激励示范作用，减少了劳动力迁移的心理成本，加快了劳动力通过务工、升学转移的速度，使得乡村高素质劳动力严重匮乏。在甘肃省河西地区民乐县永固镇，调查得知青壮年劳动力外出务工比例高达 68%，村中以亲友熟人介绍结伴外出务工的现象居多，在外创业的本地籍老板、能人等自发组织充当劳务输出中介，有 64.7% 的劳动力主要前往新疆打零工或者从事建筑业，且家庭收入中来源于务工所得的比例高达 50% 以上。

四、政策安排与治理能力

政策安排与治理能力是导致县域乡村收缩时空分异的根本原因。从形成机理来看，经济发展是资源聚集的过程，乡村收缩本质上既是资源逐利聚集作用的必然结果，也是中国城乡二元结构中产生的问题。城乡失衡不仅引起中国乡村人口的流失，也导致了农业部门生产率的流失[193]，乡村向城市的人口流动呈现家庭式、阶段性迁移特征。此外，由于中国是一个幅员辽阔且不均质大国，受经济发展条件和产业结构等影响，地方政策制度和治理能力存在明显的区域差异。地方人口政策、劳动力政策、产业政策、基础设施及公共服务供给水平等对人口流动影响显著[194]。在甘肃省内实地调研中发现，受城乡教育资源配置不均衡，撤点并校政策的影响，随着乡村人口流失，优质乡村教育资源出现"向城性"流动趋势，乡镇中心学校出现了生源不足、师资不优、质量较差现象，进一步引发家长对子女未来教育的担忧，加剧乡村人口持续向城市流动。实地调研中还发现，村内有学校的村庄，人口收缩程度明显低于没有学校的村庄。通过与农户访谈得知，受城乡教育资源配置不均衡、撤点并校政策的影响，一部分乡村家庭为获取优质教育资源离乡进城，另一部分乡村家庭则是因为村内没有学校而进城陪读。此外，甘肃省作为曾经全国脱贫攻坚任务最重的省份之一，为实现脱贫攻坚使命，所实施的劳务输出及异地扶贫搬迁等政策也是影响乡村收缩的重要因素。据统计，自 2013 年以来，甘肃省共输转贫困劳动力 647 万人次①。"十三五"以来，甘肃省共扶持 49.9 万名建档立卡贫困群众易地扶贫搬迁，建成集中安置点 1724 个②，涉及 12 个市（州）70 个县（市、区）。其中，根据本书第四章测算乡村收缩

①王朋. 甘肃 7 年累计减贫 550 万人[N]. 光明日报，2020 - 11 - 11(3).
②伏润之，王煜宇. 高站位推进 高标准巩固：甘肃省易地扶贫搬迁工作综述[EB/OL].(2022 - 02 - 27)[2023 - 09 - 20]. http://gansu.gscn.com.cn/system/2022/02/27/012719416.shtml.

指数较高的陇东地区和河西地区共搬迁 34.1 万人。从动力上来看，这是人口流动的外部力量使然。

综上，乡村收缩主要受到资源区位、经济技术、社会文化和制度安排多重逻辑的驱动，是自然力、市场力、社会力和政府治理力多维交互作用的过程，是城乡二元结构下资本、劳动力、技术空间配置不均衡的结果（见图 5-1）。其中，资源禀赋与地理区位是以地为核心要素的自然维度，刻画收缩地区在自然环境、资源禀赋、生态条件、对外交通等方面的劣势，反映乡村收缩与自然资源、地理环境之间的关系；经济发展与要素流动是以财为核心要素的经济维度，表征区域在经济水平、收入水平、就业机会等方面差异对乡村收缩的影响；历史基础与社会文化是以人为核心要素的社会维度，表征开发历史、风俗习惯、宗教信仰、文化教育等方面差异对乡村收缩空间分异的影响；政策安排与治理能力是以物为核心要素的制度维度，表征国家发展战略下城乡、地方公共物品的地域空间配置结构差异对乡村收缩的影响。资源禀赋与地理区位是决定乡村收缩演化的客观条件，经济发展与要素流动是拉动乡村收缩演化的直接原因，历史基础与社会文化是阻碍或促进乡村收缩演化的重要原因，政策安排与治理能力是助力乡村收缩演化的根本原因。

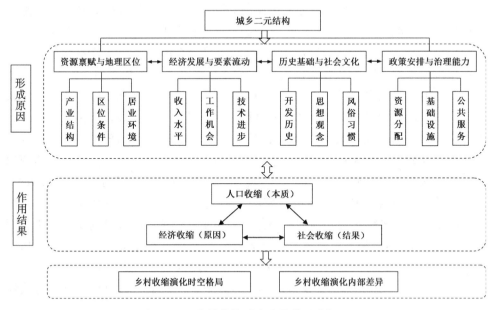

图 5-1　乡村收缩时空分异的形成机理

第二节　乡村收缩的微观形成机理

一、研究区概况与研究方法

(一)样本县基本情况

甘肃省 ML 县地处祁连山北麓、河西走廊中段，是连接甘青两省的要冲，自古就是丝绸之路东段南线之咽喉。甘肃省总面积 3687 平方千米，其中耕地 116 万亩、草地 78 万亩、林地 110 万亩、尚未开发的荒地 50 万亩，地势南高北低，地形分山地和倾斜高原两大类，海拔 1589～5027 米，年平均气温 4.1℃，平均日照时数为 2592～2997 小时，年均降水量 155～501 毫米、蒸发量 1680～2270 毫米、无霜期 78～188 天，属温带大陆性荒漠草原气候，属祁连山水源涵养区，是黑河水资源可持续利用和永续补给的绿色生态屏障。ML 县光照充足，土地肥沃，是培育天然绿色食品理想之地，主要农作物中药材、马铃薯、特色制种等以品质优良而闻名。2020 年，全县第一、二、三产业增加值占生产总值的比重为 27.9%、22.7%、49.4%，城镇居民人均可支配收入达到 28531.6 元，同比增长 7.4%；农村居民人均可支配收入达到 15185.8 元，同比增长 10.2%。

第七次全国人口普查数据显示，2020 年 ML 县常住人口 19.25 万人，与 2010 年第六次全国人口普查相比减少了 26880 人，年平均下降 1.3%。共有家庭户 65930 户，平均每个家庭户的人口为 2.79 人，比 2010 年第六次全国人口普查时的 3.46 人减少 0.67 人。居住在城镇的人口为 89881 人，占 46.7%；居住在乡村的人口为 102595 人，占 53.3%。常住人口中，0～14 岁人口为 39471 人，占 20.5%；15～59 岁人口为 118742 人，占 61.7%；60 岁及以上人口为 34263 人，占 17.8%；其中 65 岁及以上人口为 24254 人，占 12.6%。

县内辖 10 个乡镇，共 213 个行政村。YG 镇地处祁连山脚下，按土地利用优劣程度被划分为第三类最差的地区，土地资源较其他乡镇贫瘠，干旱、霜冻等自然灾害多发，农业收益不足。因此，该镇的村民大多选择外出打工增加收入，人口流出较多，乡村收缩程度较为严重。

(二)样本镇基本情况

YG 镇位于 ML 县城东南，与县城直线距离 15 千米。2020 年，农民人均可支配收入 13282 元。全镇耕地面积 5410 公顷，耕地灌溉面积 4640 公顷，农作物

播种面积 4604.1 公顷。第一产业总产值 19655.08 万元，其中，农业产值
14133.75 万元，牧业产值 4497.33 万元。辖区面积 102.61 平方千米，村镇现有
房屋 34.65 万平方米。全镇辖 10 个村民委员会，76 个村民小组，4372 户，户籍
人口 16629 人，其中，外出务工人数 5627 人。YG 镇虽然每个村里都修了马路，
但是总体交通不便，ML 县通往镇上的客车定时定点发车，间隔时间较长，从村
到镇十分不便，农户需要自己步行或者开车到镇上坐车，顺路的便车也较少。
YG 镇各村基础设施基本完善，由于开凿水井安装水泵，水资源利用状况较好，
新型医疗保险覆盖较广，达 98％。乡村土地大多数是承包给别人，并没有撂荒
现象，宅基地新建数量少。

(三)样本村基本情况

在 YG 镇 10 个行政村中，筛选出四个较为典型的收缩村庄作为样本村庄进
行问卷调查，于 2018 年 6—8 月展开。四个典型收缩村庄人口外出和土地流转情
况如表 5 - 2 所示。

表 5 - 2　YG 镇四个典型收缩村庄的基本情况

指　标	TZ 村	YZ 村	BGY 村	SZ 村
乡村户数/户	476	523	348	184
乡村人口/人	1885	2252	1403	834
全家外出户数/户	59	187	100	46
全家外出户数占比/％	12.39	35.76	28.74	25.00
外出务工人数/人	621	849	648	135
外出务工人数占比/％	32.94	37.70	46.17	16.19
经营耕地面积/亩	8121.53	3405.72	8232.17	3967.12
经营林地面积/亩	0	3721.46	3186.2	0
土地完全流出户数/户	282	464	31	63
土地完全流出户数占比/％	59.24	88.72	8.91	34.24

资料来源：实地调研资料。

四个村庄中，收缩最严重的 YZ 村，地处祁连山区，偏僻闭塞，土地狭长，
现有水浇地 1587 亩，人均 0.7 亩，主要种植油菜、大麦等作物。全村 523 户，

2252人，全家外出务工的户数187户，占总户数的35.76%，外出务工人数849人，占乡村总人口的37.70%，土地完全流转464户，占总户数的88.72%。实地调研后发现该村庄收缩的主要原因是自然条件严酷，干旱少雨，旱地多、水浇地少，土壤肥力较低，人均耕地少，种植结构单一，基础设施薄弱，农业生产受自然灾害的影响较大，生产条件"先天不足"。农业收入低叠加生活支出高的双重压力，导致很多家庭全家外出务工。

(四)研究方法

本研究对YG镇收缩程度较为严重的4个村庄进行问卷调查及半结构式访谈，了解村庄收缩现状。调查问卷的对象主要为村民，还有小部分基层干部。调查问卷的设计包含三部分：第一部分主要是了解个人及家庭基本情况，如性别、年龄、文化程度等；第二部分主要是了解村庄收缩的现状和影响；第三部分主要是了解村民对村庄收缩治理的建议。调查中，入户发放问卷200份（一户选取一人，发放一份问卷），由于留守农户文化程度不高且多为老人，故所有的问卷当场由调查员填写完毕，并同时检查问卷的完整性，确保资料真实有效，收回问卷200份，问卷回收率100%。

(五)受访者基本情况分析

表5-3是样本构成情况，由表5-3可知，受访者性别结构方面，男性126人，占比63%，女性74人，占比37%，男性占比高于女性。此次调查基本能够反映出不同性别农村居民的认知情况。从年龄结构来看，主要集中在60岁以上年龄段，占受访人总数的50%，50～60岁的有62人，占受访人总数的31%，30～49岁的有30人，占15%，29岁及以下的有8人，占4%。由于青壮年劳动力基本都外出务工，所以受访者主要为留守老年群体。

表5-3 样本构成

指标	选项	数量	占比
性别	男	126人	63%
	女	74人	37%
年龄	29岁及以下	8人	4%
	30～49岁	30人	15%
	50～60岁	62人	31%
	60岁以上	100人	50%

指标	选项	数量	占比
文化程度	识字很少	124 人	62％
	小学	48 人	24％
	初中	17 人	8.5％
	高中	7 人	3.5％
	大专及以上	4 人	2％
家庭人口数	1 人	2 户	1％
	2 人	6 户	3％
	3 人	27 户	13.5％
	4 人	45 户	22.5％
	5 人	68 户	34％
	6 人及以上	52 户	26％

二、样本村庄收缩的现状及问题

(一)人口的收缩

乡村人口收缩主要表现为青壮年劳动力大量外流，老龄化严重，人力资本匮乏，家庭结构不完整。

1. 青壮年劳动力外流明显，以新疆为主要务工地

问卷调查显示，样本村中52％的受访者家庭中有1人外出务工，38％的受访者家庭中有2~3人外出务工(见图5-2)。有61％的受访者家庭中外出劳动力去新疆务工，有32％的受访者家庭中劳动力留在县域内务工(见图5-3)。实地调研得知，TZ村共有476户，全家外出户数59户，搬入县城居住的有35户，经营耕地面积8121.53亩，人均耕地面积4.31亩，全村32.97％的人外出务工，其中有50％是青壮年劳动力，留守村庄的多为老人，其中有65％为60岁以上的老人，10％为70岁以上的老人。YZ村、BGY村由于土地资源较差，土地全部流转，家中的年轻劳动力全部外出务工。

2. 乡村留守以老人为主，留守村民文化程度较低

从被调查村民年龄层次来看，60岁以上的老年人占50％，说明样本村留守老人较多，农业劳动力呈现明显的老龄化。从被调查村民受教育的情况来看，小学及以下水平占86％，高中及以上水平的仅占5.5％。留守村民受教育程度普遍

偏低，半文盲人数较多，文化素质明显偏低。农村人力资本匮乏对于乡村收缩造成的影响是全面性和系统性的，致使农业边缘化问题愈显突出，乡村振兴战略的系列政策也难以切实发挥成效，多地农村甚至还面临着无人务农的困境[195]。

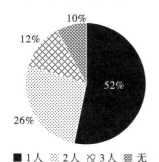

图 5-2　样本村家庭外出务工人数

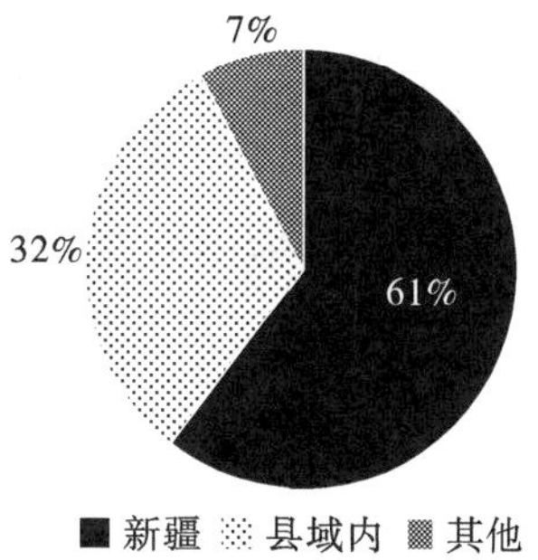

图 5-3　样本村家庭外出务工地点

3. 家庭结构残缺，家庭供养负担较大

受访者家庭人口结构以主干家庭和核心家庭为主，其中 1 人家庭 2 户，2 人家庭 6 户，3 人家庭 27 户，4 人家庭 45 户，5 人家庭 68 户，6 人及以上家庭 52 户。问卷结果显示，有 90% 的家庭有留守儿童（见图 5-4），有 88% 的家庭有 1～2 位留守老人（见图 5-5）。为了年高的老人和求学的子女，多数青壮年劳动力都选择外出打工以增加家庭经济收入，所以样本村最普遍的状况是"青壮年子女进城务工，年老父母留守农村照顾儿孙"的代际分工模式，以往儿孙绕膝、三世同堂的家庭形态不复存在。实地调研还发现，样本村中部分 60 岁及以上的老人，儿女在外务工没人陪伴，每月领取 85 元养老金。有的老人子女抽空看望，有的老人无人照管独自居住在破旧的老房子，生活条件十分简陋，留守老人养老问题日益凸显。

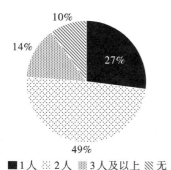

图 5-4　样本村家庭留守儿童人数

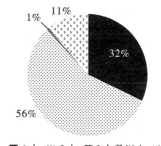

图 5-5　样本村家庭留守老人人数

(二)土地的荒废

1. 耕地流转撂荒并存

实地调研发现，耕地是否流转撂荒受水资源影响较大。样本 TZ 村每年都会换茬耕种，多数耕地低价流转给本村人代耕代种。而 YZ 村由于地处山区，水浇地少，无法耕种土地多，该村的耕地有撂荒的现象。问卷调查显示，样本村中受访者选择将耕地流转的家庭占 71%，抛荒的仅占 2%(见图 5-6)。

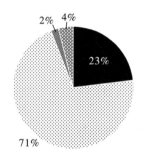

■ 自己种植　⬚ 流转给他人　■ 抛荒　⬚ 其他

图 5-6　样本村土地流转情况

2. 房屋闲置、城乡两栖现象普遍

乡村收缩在土地利用上一般表现为土地荒废化，大量农村住宅用地的闲置伴随着新的农村宅基地的扩张，造成了收缩乡村"外扩中空"现象，这也成为中国收缩乡村区别于国外乡村演化的重要特征[196]。实地调研发现，样本村存在宅基地的空置荒废，近几年村内新建房屋较少，并没有出现"建新不拆旧"的现象。宅基地的荒废空置有两种情况：一是村内在外务工或在外买房的人逢年过节回家短期居住，此类房屋不能拆除；二是在村上居住无人赡养的孤寡老人，或者独居老人需要将房屋留给后代，此类房屋也无法拆除；三是全家搬迁去县城，宅基地基本被废弃，屋前杂草丛生，但宅基地确权颁证后，人们倾向给予其更高的价值预期，如果没有适当的补偿，农户不愿意退出闲置宅基地，村委会也无权将其拆除。比如 YZ 村的大多数村民在县城内购买楼房，村内的房屋闲置，村内并没有新建住房，村中宅院大多仅有老人居住，原有民居、宅基地等无人修缮。问卷调查结果显示(见表 5-4)，有 53% 的受访者家庭在城镇没有住宅，有 47% 的受访者家庭在城镇有住宅，有 31% 的受访者家庭为了购置城镇房屋背负债务。有 51.5% 的受访者家庭新宅老宅一起用，有 38% 的受访者居住在老宅，仅有 10.5% 的受访者居住在新宅。有 37% 的受访者没有闲置的房屋，有 63% 的受访者家中有闲置的房屋。大量闲置废弃的房屋、宅基地正影响着乡村的环境、总体规划及和美乡村建设。

表 5-4　样本村住宅情况

指标	选项	数量/户	占比
城镇是否有住宅	有，有欠款	62	31%
	有，无欠款	32	16%
	没有	106	53%
居住情况	新宅	21	10.5%
	老宅	76	38%
	新宅老宅一起用	103	51.5%
是否有闲置房屋	有	126	63%
	没有	74	37%

(三)经济的收缩

1. 务农产生的家庭经营性收入较少

乡村收缩背景下，由于农业比较效益低，农业从业人员收入过低，农户失去对农业生产的热情，使得乡村产业急剧衰退，造成乡村经济萎缩。问卷调查结果显示(见表 5-5)，样本村受访家庭收入水平较低，超半数家庭年收入在 2 万～4 万元之间。家庭年收入 1 万元以下占总样本量的 6%，家庭年收入 1 万～2 万元占总样本量的 15%，家庭年收入 2 万～4 万元占总样本量的 52.5%，4 万元以上占总样本量的 26.5%。家庭主要收入来源于外出务工或经商所得占总样本量57.5%，在家附近务工所得占总样本量 22.5%，务农所得仅占总样本量 17.5%，有 2.5% 的农户依靠每月 85 元的养老金生活。当然，依据中国人"财不外露"的文化思想，受访者对家庭收入的回答是保守的。

2. 乡村产业发展滞后

实地调研发现，TZ 村经济的衰退主要表现为土地耕种效率低下，农产品产量低、品质不高，造成农产品销路较差、价格低廉。SZ 村种植的农作物主要为小麦、油菜，耕地多为旱地，灌溉用水主要来自祁连山的冰雪融水，农作物生长受天气影响较大，产量不稳定。YZ 村呈现出与其他村落不同的特征，土地基本全部集中流转，当地的男性劳动力基本全部外出打工，村内主要是老人、妇女和

表 5 - 5　样本村家庭收入及主要来源

指标	选项	数量/户	占比
家庭收入	5000 元及以下	5	2.5%
	5001~10000 元	7	3.5%
	10001~20000 元	30	15%
	20001~30000 元	35	17.5%
	30001~40000 元	70	35%
	4 万元以上	53	26.5%
家庭主要收入来源	外出务工或经商所得	115	57.5%
	在家附近务工所得	45	22.5%
	务农所得	35	17.5%
	养老金所得	5	2.5%

儿童留守。留守妇女被雇佣在流转出去的土地中干零活，早上有专门的车拉她们去务工，晚上再送她们回家。但此类零活受天气影响较大，一般晴天出门，雨雪天在家操持家务。YZ 村和 BGY 村的家庭收入主要有务工收入和土地租金收入两部分，其中 70% 的收入来自务工收入。由于先进技术成本较高（电费、信息费）且没有畅通的销路，YG 镇的大棚蔬菜和食用菌产业发展均以失败告终，新建100 多亩的大棚也处于荒废状态。调研发现，目前农村留守劳动力老龄化严重，乡村产业发展滞后，吸纳就业能力弱，青壮年劳动力宁愿在外务工也不愿留在农村务农，"70 后不愿种地，80 后不提种地，90 后压根不会种地"现象突出。

(四)社会的收缩

乡村社会收缩具体表现为基础设施逐步衰败、教育资源短缺、农村基层组织弱化、留守老人生活困难。

1. 基础设施基本完备但不便利

所有样本村生活基础设施都基本完善，通电通水通路通网，但仅能满足最基本需求，社区保障明显不足。问卷调查显示（见表 5 - 6），78% 的受访者选择开通无线网络，79% 的受访者认为道路基本完善，16% 的受访者表示有公共健身场所及设备，3.5% 的受访者所在地有医疗保健室，仅有 1.5% 的受访者所在地有社区保障。实地调研发现，样本村内虽然都有卫生所，但经常处于关闭状态；仅有的小卖铺商品单一，且多数商品快到保质期；公交车发车间隔长，时间不固定。

表 5 - 6　样本村社会收缩情况

指标	选项	数量/人	占比
村基础设施情况	道路基本完善	158	79%
	有公共健身场所及设备	32	16%
	有医疗保健室	7	3.5%
	有完善的社区保障	3	1.5%
是否有网络	是	156	78%
	否	44	22%

2. 教育资源不足

问卷调查结果显示（见图 5 - 7），68.53% 的受访者对本村教育的看法是村里教育不能促进孩子的全方面发展，有 27.27% 的受访者认为学校并没有重视留守儿童教育问题，究其根本原因是村里学校与城镇学校相比基础设施投入不足、师资质量总体较弱。实地调研发现，TZ 村周边有小学，一到三年级可以在本地接送上学，四到六年级在镇上的寄宿制学校读书，每周接送一次。SZ 村、YZ 村和 BGY 村内都有小学，虽然小学基础设施完善，但师资力量较差，因为很多教师不愿去村上教学。与村民访谈得知，"如果有经济实力，一定要送小孩去城里上学，去接受更好的教育"，"村里小学等教育机构已经出现了维持困难，乡村学校已变得越来越没人气，一个班仅有几名学生，年轻老师也不愿意留在村内学校"。

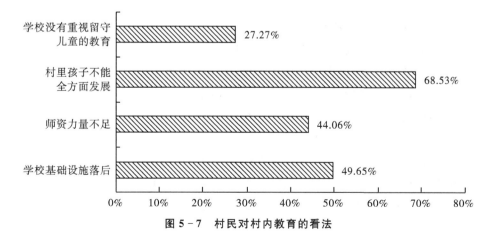

图 5 - 7　村民对村内教育的看法

3. 传统文化集会消失

过去乡村传统文化活动丰富，传统节日非常受村民的重视，不同乡镇有各自固定的举办市集庙会的日子。但是，随着乡村人口收缩，乡村常住人口逐渐减少，市集庙会也逐渐萎缩。一些传统的节日，如中秋节、端午节、清明节等，在过去受到极大重视，村民们都会热情高涨地庆祝这些节日，而现在这些节日的氛围越来越淡。调查问卷显示，有75％的受访者认为乡村传统集会正在衰退（见图5-8）。乡村传统文化活动逐渐淡化，而新兴的娱乐活动又普及不到农村，例如，健身活动中心、电影院、老年大学、棋牌室等，造成了乡村文化娱乐活动不足。与此同时，一些低俗文化乘机入侵，比如赌博游戏、邪教传销等。乡村文化娱乐活动的缺乏已经成为影响乡村社会稳定发展的重要因素。

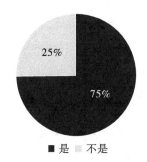

图5-8　村民认为乡村传统集会活动是否衰退

（五）治理弱化

1. 村干部年龄结构不合理

调查中，62％的受访者认为所在村庄村委会等组织成员年龄结构不合理，年龄偏大（见图5-9）。实地访谈得知，村干部多为本村村民，年龄偏大，多在50岁及以上。部分村庄村委会和村民小组成员构成人数偏少，村干部严重老龄化，文化水平低，没有年轻成员愿意进入村委会工作，即使出现有人退休或者不能继续工作，也难以找到合适的人才投入村委会的工作中，以至于村委会工作经常处于拖沓、效率低下状态，村民工作难以展开，村庄凝聚力较差。年龄较大的村干部对开展培训缺乏积极性，缺乏接受新事物的能力，工作方法仅仅依靠经验，对现代科学的工作方法很难认同，也没有发展产业的视野和思维。

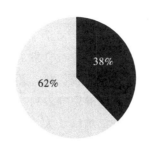

图 5 - 9　村民对村干部年龄看法

2. 村民大会召开困难

调查结果显示(见图 5 - 10)，43％的受访者选择"偶尔召开"村民大会选项，30％的受访者选择"没有定期召开"村民大会选项，只有 27％的受访者选择"定期召开"村民大会选项。实地调研发现，一方面，由于村民大多在外务工，还有很多村民不愿参加村民大会，使得部分村庄的村民大会或村民代表大会召开难以达到法定人数；另一方面，随着越来越多的人使用微信，一些村委会直接在微信群内发布村内事务，所以，村委会召开村民大会的次数就明显减少。

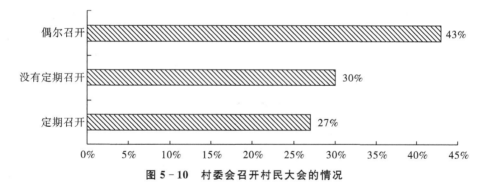

图 5 - 10　村委会召开村民大会的情况

三、乡村收缩的形成机理分析

(一)经济因素——劳动力短缺是乡村收缩的直接因素

外出务工是造成乡村人口收缩的直接因素。随着工业化和新型城镇化发展，区域经济差异、产业间收入差距、城乡居民收入差距的持续拉大，出于个人更高收入的追求，乡村青壮年劳动力持续向就业机会多、工资收入高的城市或其他农业大区(比如新疆)聚集。与此同时，城市发展建设和产业结构转型升级也迫切需要大量劳动力，进一步吸引农村青壮年劳动力向城市，特别是大城市聚集。而大多数西北地区乡村经济基础薄弱，传统产业日益边缘化，新经济发展相对缓慢，农业多功能性开发不足，一、二、三产业融合发展水平低，就业岗位有限，现有的资源很难被统筹利用为乡村发展的比较优势，短期内也难以改变固有的发展态势。大量青壮年劳动力外出，老弱妇孺留守农村，农业生产难以现代化，乡村产业发展困难，村集体经济靠自身力量难以壮大，造成乡村落后的状况突显，这是村庄收缩的直接因素。

(二)区位因素——生活质量差距是乡村收缩的核心因素

随着乡村进城务工人员的增多和农民非农收入的增加，农民对住房标准、生活环境、优质教育以及生活设施的要求不断提高，生活便利程度成为农民购房或建房的主要考虑因素。由于乡村基础设施薄弱，教育、医疗、卫生等设施不完善，加之农村小康住宅楼修建和政府为支持农民进城购房给予各项补贴的综合作用，农民纷纷进城购房。但一方面，由于进城农民市民化机制不完善和经济能力有限，农民进城之后要真正买房落户并不容易，很多家庭养老仍需在乡村完成；另一方面，农村土地制度中缺乏有效的宅基地退出机制，宅基地使用权的过度限制，农民进城失败后对退避归宿的考虑以及对宅基地价值提升的预期，导致很多农民宁愿宅基地闲置，也不愿意流转、退出，造成乡村宅基地的闲置甚至废弃。据统计①，甘肃省民乐县乡村人口从 2011 年的 21.79 万人减少到 2020 年的 20.87 万人，但村镇居民现有房屋的面积从 2011 年的 725.79 万平方米增加到 2020 年的 856.28 万平方米。

(三)家庭结构因素——家庭结构重组是乡村收缩的重要因素

核心家庭转为主干家庭并带来住房资源在大家庭内部重组是乡村收缩的重要因素。在西北农村，父代对子代的代际责任颇为厚重，在城市房子、车子成为年轻人结婚必备条件下，在城镇购房的主要为年轻一代。由于家庭内部代际分工合作需要，一部分老年人依旧留守旧宅务农养老，另一部分中老年人的日常生活挪移至年轻一代城镇住房中。在家务农留守旧宅的老年人由于经济能力有限，生活质量要求不高，对旧房不再维护修缮。移居城市的老年人虽然长期不在村里居住，但不确定未来是否回村居住，不愿腾退旧宅，使得原有的老旧住房因此出现空置、破败和荒废，导致乡村居住空间视觉贫困现象出现。

---

①资料来源：《张掖统计年鉴 2011》《张掖统计年鉴 2021》。

(四)思想观念因素——传统观念是乡村收缩的根本因素

一方面，受传统思想的影响，乡村居民认为进城务工赚钱是有出息、光宗耀祖的表现，回乡务农是缺乏能力、没出息、没前途的表现，使得农民不愿让受过高等教育的子女回乡村工作，即使那些读书不多的青壮年劳动力，也受此观念的影响而尽力脱离乡村。另一方面，受传统居住观念的影响，很多老龄农户认为住楼房不接地气对身体不好，要落叶归根，宅基地是祖上传下来的，要保存老宅保住根基，加之宅基地、房屋有偿退回集体经济组织补贴经济激励不足，所以很多人即使闲置废弃也不愿退回宅基地。

四、治理对策

调查结果显示，由于城乡发展不平衡，农民职业选择外倾，乡村面临人力和资源流失的双重困境，保持村庄稳定的传统结构性力量崩解，乡村出现人口老龄化、宅基地闲置化、经济衰退化、基层组织弱化等多重问题。根据样本村庄实际，结合现代农业发展需求，提出以下几点治理对策。

(一)引才入乡

农村大量人才流失使得收缩乡村的治理难上加难。一方面，政府可以通过"扶才""引才"和"造才"加强乡村人才队伍建设，支持回乡创业大学生、"土"专家、非遗传承人和致富带头人，吸引返乡农民工、退休干部、退伍军人、在外创业成功的村民和管理、科技、教育等人才下乡服务，并依托地方院校创立乡村振兴实践基地，促进城乡、校地之间人才培养合作与交流机制"造才"。另一方面，通过设立公益性岗位、见习大学生岗位等，配合"大学生村官"等政策吸引当地高校毕业生回乡就业创业，为宜居宜业和美乡村建设提供新思路、新动力。

(二)积极推动废弃宅基地复垦利用

一方面，应该持续提升村容村貌，开展村庄清洁和绿化行动，以退废旧宅基地还耕的举措，整治利用好废弃宅基地，同时也能对日渐匮乏的农耕地进行补充，实现资源的合理利用。另一方面，可以通过发展庭院经济，比如盆栽蔬菜产业，充分利用空闲庭院和废弃宅基地等场所，带动村里的留守农户进一步增加收入。

(三)关注留守老人、妇女和儿童的生活

留守老人、妇女、儿童的生活质量和心理健康已成为当今社会关注的焦点。实地调查中，课题组也特别走访了一些独居老人，他们的子女均已在城市买房落户，但他们不会选择随子女在城市生活，仍然独居在老宅中简单度日。问及原

因，他们说，城市住不习惯，还是农村好。而实际情况是，老人担心城市居住加重儿女负担，生活习惯不同增加婆媳矛盾。此外，城市住宅楼层较高，上下楼如果没有电梯活动不便，没有亲戚熟人寒暄家常，儿女忙于务工赚钱，老人们在城市的生活也非常孤单。基于此，一方面，应该大力弘扬敬老、爱老传统美德，使得留守老人老有所养；另一方面，村委会可以通过组织广场舞比赛、剪纸比赛、美食比赛、农活比赛、社火等活动，丰富留守老人、妇女的日常生活。

(四)积极发展特色主导产业

乡村要振兴，产业要兴旺。村庄要实现精明收缩，产业也要兴旺。实际调研发现，日本"一村一品"并不适合中国的实际情况，留守劳动力年龄偏大，无法掌握现代农业生产技术；村干部年龄偏大，村务缠身，无法准确判断市场行情，指导农户生产。因此，要适应现代农业规模化、标准化、科技化、品牌化发展要求，乡村产业发展就要县域一盘棋，整体规划，重点发展。此外，要慎重发展乡村旅游，实地调查发现，很多村庄盲目跟风发展乡村旅游，比如"花海"项目，同质性高，游客审美疲劳，多数旅游场所处于闲置状态。

第六章　日本过疏化治理措施及启示

20 世纪 50 年代中后期，伴随日本经济的高速增长，以年轻人为主的大量农民举家离村进入城市，人口和财富迅速聚集在以东京为首的三大城市经济圈。这一方面引致城市特别是大城市人口过密问题，另一方面，山村、渔村人口急剧减少，财政能力低下，基本生活设施（教育、医疗、防灾等）发展受阻，生产和生活难以维持，成为过疏地域。所以，日本过疏现象的实质是过密城市与过疏乡村空间关系的重构，是城乡二元关系消解转变为过密都市社会与过疏都市社会的对立[151]。

为了应对过疏带来的风险，20 世纪 60 年代起日本相继颁布了一系列治理过疏的政策法规[197,198]，其目的在于改善过疏化地区居民的福利，在这些地区创造工作场所，利用丰富的自然环境和传统文化等当地资源，妥善管理森林、农田和农业、山区和渔村，以促进国家土地的可持续利用，并确保过疏化地区发挥土地保护、水源补充和防止全球变暖等多方面功能，并进一步促进创建独特而有吸引力的地区。

2021 年 3 月日本《支持过疏化地区可持续发展特别措施法》中将凡符合下列两项条件的市町①村列为全部过疏：第一，人口条件。1975 年至 2015 年的长期人口减少率满足：①人口减少率 28％以上；②人口减少率 23％以上，2015 年的老年人比例 35％以上；③人口减少率 23％以上，2015 年的年轻人比例 11％以下；1990 年至 2015 年的中期人口减少率 21％以上。第二，财政能力条件。公营经济收入 40 亿日元以下；2017 年至 2019 年 3 年间的平均财政力指数在 0.51以下。

2021 年日本共有 820 个过疏市町村，比 2010 年增加了 44 个，占日本全国市町村总数的 47.7％，面积占日本国土面积的 59.5％，人口却仅占总人口的8.2％，65 岁以上人口占总人口比重为 40.2％，高于全国平均水平 12.2 个百分点。过疏市町村的税收收入占地方财政总收入比例为 13.5％，低于全国 33.8％的平均水平，财政力指数的平均值为 0.26，只有全国市町村平均值 0.51 的一半左右。另外，从不同级别市町村数量来看，过疏化市町村中，财政力指数在

---

① 日本町相当于中国镇。

0.1～0.2的市町村最多，为434个。从1970—2021年，过疏地域市町村的数量占日本全国市町村总数的比重从23.2％上升到47.7％，过疏地域人口数量占全国人口总数的比重从6.9％上升到8.2％，过疏地域面积占全国总面积的比重从27.4％上升到59.5％，说明过疏情况仍然在持续蔓延（见表6-1）。

表 6-1　日本过疏市町村变迁

年份	市町村数			人口			面积		
	过疏地域/个	全国/个	占比/％	过疏地域/人	全国/人	占比/％	过疏地域/km²	全国/km²	占比/％
1970 年	776	3340	23.2	6867964	99209137	6.9	102023	372166	27.4
1980 年	1119	3256	34.4	8463023	111939643	7.6	166303	377535	44.0
1990 年	1143	3246	35.2	7859466	121048923	6.5	170101	377737	45.0
2000 年	1171	3230	36.3	7536465	125570246	6.0	180337	377829	47.7
2010 年	776	1728	44.9	11237434	127767994	8.8	216477	377854	57.3
2021 年	820	1719	47.7	10350271	126146099	8.2	226559	377976	59.9

资料来源：2022 年过疏政策现状 https：//www.soumu.go.jp/main_content/000807031.pdf.

虽然日本已有50多年研究和治理过疏化的经验，但目前我国国内研究日本治理经验的文献仍较少。对日本进入21世纪后过疏化主要特征与治理措施的研究，将有助于对当前中国乡村问题的认识和研究。笔者所在的课题组曾于2016年8月22日至8月27日赴日本宫崎县高原町和绫町进行了为期6天的实地调研。本章是在实地调查访谈基础上，结合日本历年《国势调查》《日本统计年鉴》《宫崎县国势调查》等资料进行的分析与研究。

第一节　研究区概况

宫崎县位于日本九州东南部，由9个市、14个町和3个村组成，为日本知名的农业县。该县土地面积7734平方千米，耕地面积648平方千米（占比8.4％），森林覆盖率75.7％。县内气候温暖，日照充足，降水充足，适宜稻作，盛产各种蔬菜、水果及烟叶、红薯等作物，奶牛、肉牛、猪、鸡的产量也在日本名列前茅。宫崎县农产品除了销往九州地区的福冈以外，也销往大阪、名古屋、东京等地。然而，宫崎县也是日本典型的过疏地区，其总人口自1996年以后一直呈下降趋势，65岁以上的人口从1965年的7.7万人增加到2020年的34.9人，增长了约 3.5 倍，人口老龄化的速度比全日本平均速度快。2022 年，该县有 4 个市被认定为"部分过疏化"，具体为都城市、延冈市、小林市和日向市，有 3 个市、6 个町和 3 个村被认定为"全部过疏化"，具体为日南市、串间市和虾野市，高千穗町、都农町、高原町、美乡町、日之影町和五濑町，椎叶村、诸塚村和西米良村。过疏市町村已占辖区市町村总数的 61.54％，总面积达 4916.11 平方千米（占比 63.56％）①。2020 年，宫崎县有 107 万人，占日本总人口的 0.85％，是日本人口加速减少的 33 个行政区之一；人口密度 138 人/平方千米，位居日本 47 个行政区划中的倒数第 8 位；地区生产总值 3.6 万亿日元（2020 年），排名第 39 位；人均国民收入 228.8 万日元（2020 年），排名倒数第 2 位②。

第二节　日本过疏化措施的实施及效果

进入 21 世纪后，日本政府以内生开发为主，通过激发过疏地区内在动力发展经济。日本从都到府县再到市町村都按照国家的相关政策，制定相应的财政、行政、金融、社会保障等方面的措施，发挥过疏地区独特自然资源、人文、民俗乡土、文化环境等方面的比较优势，改善地区公共设施、发展六次产业、引进企业、推进居民组织建设，并在保持乡村地域特色与自给基础上实行町村合并与乡村建设运动，振兴地区经济，取得了较好的效果。

一、重视编制各级综合发展规划，协同引领地区可持续发展

日本除国家层面制定法律政策由地方实施或配合实施的措施以外（见表 6 - 2），各地方政府也制定相应的综合发展规划，以形成"国家—地方"二级过疏化地域治理行政体系。日本国会颁布的《支持过疏化地区可持续发展特别措施法》（2021 年）要求，"县政府制定《过疏化地区可持续发展政策》和《过疏化地区可持续发展县计划》，并由过疏化市町根据此制定《过疏化地区可持续发展市计划》"。比如，宫崎县综合计划由"长期愿景"和"行动计划"组成。它被定位为振兴县域、人民和就业的综合战略。"长期愿景"描绘了 2040 年的未来愿景，展示了该县未来要解决的问题、发展的方向和应该采取的措施。它以"一个每个人都能发挥积极作用的社会，一个人们可以安全、可靠和发自内心享受生活的社会，一个拥有

①资料来源：日本过疏地区数据库 https：//www. kaso - net. or. jp/publics/index/19/.

②资料来源：从日本各地看到的宫崎县 https：//www. pref. miyazaki. lg. jp/sogoseisaku/ kense/koho/miyazakinougoki/2023/010. html.

强大产业和有吸引力工作的社会"3 个未来愿景为基础，在人口减少的前提下，创造支撑人们生活的产业，确保构建一个以丰富的方式让人们安心生活的社区。"行动计划"列出了 2023—2026 年的重点和优先次序的 5 个优先计划，以实现未来愿景。5 个优先计划包括在危机中振兴宫崎县、为迈向充满希望的未来奠定基础、培养和发挥人力资源的积极作用、挑战实现零社会减排、创造强大的产业和振兴地方经济①。

表 6 - 2　日本治理过疏化的相关法律及主要内容

时间	法律名称	主要内容
1965	《山村振兴法》	通过基础设施改善山村对外交流状况；通过道路建设、发电等措施确保自然资源得到有效利用；通过维护关键基础设施，控制侵蚀并防止山体滑坡和雪崩等自然灾害；通过建设学校、医院等设施来增加社会服务机会
1970	《过疏地域对策紧急措施法》	通过特别的财政政策，以补贴形式为交通和通信基础设施的改善提供资金
1980	《过疏地域振兴特别措施法》	通过改善交通基础设施来改善农村生活条件
1990	《过疏地域活性化特别措施法》	强调社区自治在创造地方收入和促进社区全面发展方面发挥作用，伴随着基础设施和公共机构等的发展
2000	《过疏地域自立促进特别措施法》	强调改善与生产功能和日常生活相关的基础设施，提升社区整体活力
2021	《支持过疏地域可持续发展特别措施法》	协助人口稀少地区解决基础设施建设经费，促进产业集聚发展等措施；加强对教育、医疗、养老等领域的支持，促进人力资源开发；鼓励利用可再生能源等方式保护当地自然环境

资料来源：1. 胡航军，张京祥 ."超越精明收缩"的乡村规划转型与治理创新：国际经验与本土化建构[J].国际城市规划，2022，37(3)：50 - 58.

2. 根据日本网络公开资料整理。

---

①资料来源：宫崎县综合计划 https：//www. pref. miyazaki. lg. jp/sogoseisaku/kense/koho/miyazakinougoki/2023/004. html.

二、通过六次产业化联协农工商，进行产地构造与产业构造的转换

根据"积极开发论"的观点，经济可行是地区振兴的首要前提[199]。对年轻人来说，无论生活环境怎样整备，那些没有工作场所的地方是无法居住的[200]。因此，推进农业六次产业化便成了日本应对过疏问题的重要对策之一。2020 年，日本开展六次产业化的经营单位有 64160 个，产品的销售额达 20329.47 亿日元，其中来自农产品加工的有 9186.59 亿日元，来自直销所的有 10534.77 亿日元，来自农业观光园的有 293.2 亿元，来自农家民宿的有 36.23 亿元，来自农家乐的有 278.68 亿元。农业生产者可以通过建设设施园艺、花卉、土特农产品、农产品加工、有机农业等高附加值农产品生产基地，再以此为基础发展游览、直销、城乡交流等，将原来被农产品加工、食品加工、肥料生产、农产品流通、农业服务等产业吸附的利润更多地留在农业上，从而振兴乡村经济。2020 年，宫崎县开展六次产业化的经营单位有 1110 个，产品的销售额为 629.15 亿日元①。宫崎县高原町主要通过组建农事组合法人推进农业六次产业化。2005 年高原町组建了花堂区集落营农组合，会员有 105 名。2008 年发展成为农事组合法人。2009 年 7 月直销所（直销所的名称为杜の穂倉）正式开业，拥有会员 250 名。农事组合法人业务范围涵盖农产品生产、加工、配送和销售全过程，完成了农业产业一体化经营（见图 6-1）。2014 年直销所（杜の穂倉）实现销售收入 11700 万日元，顾客人数近 21 万人，其中有 50％来自县内，35％来自县外，仅有 15％来自町内。2012 年夺下日本国际啤酒大赛的穂仓金生牌啤酒就是由农事组合法人生产的农作物经宫琦日照地产啤酒株式会社酿造，再由宫琦日照地产啤酒和直销所（杜の穂倉）进行销售。农业加工品的销售，除了政府大力推广售卖外，农协和各种农业合作组织也积极参与，利用职员人脉通过邮局寄卖等方式解决销售难的问题。

---

①资料来源：农林水产省大臣官房统计部《2020 年六次产业化综合调查报告》https：//www.e-stat.go.jp/stat-search/files? page=1&layout=datalist&toukei=00500247&tstat=000001052099&cycle=8&tclass1=000001059145&tclass2=000001166988&tclass3val=0.

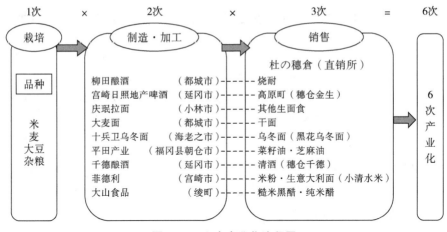

图 6 - 1　六次产业化流程图

三、建设美丽市町村，创造宜居环境

为了创造能让年轻人在县内就业和安心生儿育女的生活环境，日本很多过疏地区都制定了相应的居住、育儿、教育、社会福利等方面政策措施，在建设美丽乡村增加田园魅力的同时，加大对外来定居者的支持力度。例如《宫崎县综合计划 2023》中提出①，通过"建立从相遇到结婚、生育、育儿的无间断的支援体制；推进灵活的工作方式等促进年轻人、女性在县内就业、定居；建立远程办公和工作环境，鼓励不受地点限制的工作方式；推进培养热爱乡土、数字利用能力、语言能力等的教育"等措施应对人口减少。

绫町曾经也是过疏町之一，2000 年以后脱去了过疏帽子。2001 年，该町迁入 393 人，迁出 321 人，净迁入 72 人②。为了应对人口下降和振兴地区，绫町于2020 年颁布了第 2 期《绫町人口、就业振兴综合战略》。该町通过改善环境，建设"自然、和谐、富饶、充满活力的教育文化城市"，将体育、文化、教育与自然环境融合发展以吸引更多人口定居。具体的措施包括：建设运动场地，购置体育设施，打造体育运动员疗养胜地，吸引运动员长期居住和消费；提供就业机会，加快育儿设施和中小学建设，让年轻人更好地居住，让外地人扎根这里；鼓励居

---

①资料来源：《宫崎县综合计划 2023》（概要版）http：//www. pref. miyazaki. lg. jp/documents/81018/81018 _ 20230926172917 - 1. pdf.

②资料来源：绫町人口、就业振兴复合战略 https：//www. town. aya. miyazaki. jp/uploaded/life/7696 _ 23997 _ misc. pdf.

民一起参与建设町村，比如特色农产品的外包装、商标设计等由全体町民投票决定，让町村成为居民乐意生活的地方。

高原町以构建一个"充满神话色彩，水源充足、绿意盎然且充满健康与幸福的城市"为目标，颁布了《高原町数字花园城市概念综合战略》，为了吸引外来人口定居，采取的主要措施有：通过移民网站等渠道积极宣传高原町的魅力，并利用移民咨询会和体验式居住活动，为相关人员迁居提供链接；整合空置房屋信息，努力增加空置房屋和空地的注册房源数量，有效利用空置房产，为希望定居者提供住房购置支持补助金支持；为了促进城镇的产业，购买可折旧资产（机械和设备）或作为房屋所在地的房屋或土地，可以根据《关于支持过疏地区可持续发展的特别措施法》和《关于促进高原町企业选址的财产税税收特别规定的条例》免征财产税①。该政策颁布后对年轻人及周边市町的人口很有吸引力，也吸引了部分家庭定居这里。

四、积极推进生态农业发展，确保农产品质量安全

日本的有机农业体系主要包括农产品有机认证（有机 JAS）、有机农业促进行动、环境保全型农业、自然农法、自然栽培和特别栽培等。2001 年日本各地开始有机 JAS 注册登记，通过认证的农民可以面向全国出售有机农产品。

早在 1988 年宫崎县绫町就率先制定了《自然生态有机农业推进条例》，包括自然生态农业设定的标准、审查方法和审查结果的认证方法等。该条例规定：①不使用合成化学肥料和农药；②最大限度地利用土壤自身肥力；③生产安全和放心的农产品；④发展让消费者信赖的绫町农业。为了实施该条例，成立了包括有机农业推进会议、有机农业实践振兴会、理事会和生产（实践）组织为主的四级农业推进组织体系，制定了自然地生态系统认证标准。以是否使用土壤消毒剂、除草剂、化学肥料和合成化学农药为标准将农地分为 A、B、C 三级，并在此基础上将农产品分为金、银、铜三级进行认证。

从生产方式来看，绫町还开展了碳素循环农法的研究与实践。碳素循环农法是将土壤上层 5～10 厘米与蘑菇采摘后下层菌充分搅拌后依靠自然腐殖产生的微生物增加土壤养分，完全不使用任何人工肥料（包括家肥或堆肥）和农药。倡导者山口今朝广先生 2004 年起从事有机农业，2006 年起以碳素循环农法从事农业。他认为"传统有机农业堆肥是给土壤增加肥料，碳素循环农法是给土壤添加养

---

①资料来源：在人口稀少的地区免征房产税 https：//www.town.takaharu.lg.jp/soshiki/20230401/247682.html.

分"，"真正健康的菜是人吃人的菜，虫吃虫的菜。虫子爱吃的菜硝酸盐和氮含量高，对人身体不好，人不应该与虫抢粮菜。"

从农产品的销售方式来看，绫町直销店"一坪菜园"出售的农产品均按级（金、银、铜）定价分区出售，在外包装上清楚标有商品名、生产者、产地、生产日期和售卖地点、电话等信息，实现"从农田到餐桌"的农产品全程溯源，为"绫品牌"的建设做出了突出贡献。此外，消费者的理解对自然生态农业的推进也非常重要[201]。绫町通过举办"交流收获体验"（以城市消费者为对象）、"有机农业推进大会"（生产者和消费者共同参加）和"村町食品广场"（制作地域特色饮食）等活动，加深生产者与消费者彼此的理解，为消费者了解乡土饮食文化提供机会。

五、不断完善农业教育培训，加大对新务农人员的支持

2000 年以来，日本加强了教育部门和农业部门的协作，共同培育农业后继者。日本目前已确立了由教育部门（文部科学省）、农业部门（农林水产省）、地方政府以及农民合作经济组织（农协）相互分工、合作的教育培训体系[202]，依托研修等方式，为愿意从事农业的各类人员开展最基本的农业知识和技术培训，推荐到具有"指导农业户"资格的农户、先进农业企业、农产品加工企业、流通企业等进修和学习[203]。绫町农协就有一个研修室，会定期组织农民学习，新人经技术指导，1～2 年就可独立生产，每年有 1～3 人进行研修，该做法已延续了 20 多年。绫町的山口今朝广先生就在政府支持下在自己的农园中接受国内外研修者，通过"传、帮、带"的方式，帮助他们掌握碳素循环农法。研修要求学员同吃、同住、同劳动。政府给予正式研修者补贴，但要求未来必须从事农业，如果不从事则需要全额退还补贴。这些新务农人员已成为日本农业重要的后备力量。

第三节　日本治理过疏化的启示及借鉴

毫无疑问，日本过疏化对策对振兴地区经济、改善区域间经济不平衡起到了积极作用，人口回流现象也在一些町村开始出现（比如宫崎县绫町），但"先出现—再治理"的政策模式减弱了政策本身的实施效果[197]，所以直到今天，过疏现象依然存在并向城市蔓延。过疏化是城市化发展中的伴生现象[198]，目前中国很多乡村也出现了类似问题[43, 204]，有学者甚至认为国内情况比国外更严重[205]。因此，可以借鉴日本经验及早采取强有力的治理措施，防止其扩散。

一、实施"新农人养成计划"，活化乡村闲置宅基地和房屋

要努力提升全社会对农业教育重要性的认知度，逐步构筑起农业终身教育的

意识与理念。把农业教育拓展到中小学阶段，培养青少年爱农情感，积极调动他们学农、务农的积极性，促使他们参与基础农业实践活动，激发他们致力于振兴和发展农业、乡村的热情，增加社会大众对农业和乡村的理解和认同。加大对新型农民培训的补贴力度，坚持教育资源向乡村倾斜，提高农民教育水平，培养爱农、懂农、务农的农业接班人，不断充实职业农民队伍。鼓励城市居民移居乡村生活、养老、就业，扩大城乡区域间交流，培养在乡村社区发挥主导作用的人力资源，开发多样化的人力资源以支持乡村振兴。

农村宅基地（宅地）及其附属农村住房（农房）是农户最重要的实物财产，对于保障农户安居乐业具有举足轻重的作用[206]。基于"三权分置"背景，需要在充分保障农民宅基地资格权、房屋财产权的前提下，探索和支持由村集体及成员通过多种方式盘活宅基地和农房使用权，通过建立网络化的利益联结机制，以乡村的集体经济和乡村运营商来联结村外的企业和政府的项目，降低宅地盘活的制度成本，丰富和拓展宅基地功能，鼓励农村宅基地从单一的居住功能向居住商服经营复合功能转变，促进乡村产业振兴与共同富裕。比如，日本冈山县美作市梶并地区，通过加强地区居民与外出务工居民之间的合作，尝试将"空屋活用系统"建设成为一种产业，将增加的空屋作为迁居者的住所，以达到增加人口的目的。他们整修空屋，作为"试住房"供有意愿迁入的人使用，也作为"租房"供迁入居民使用。此外，还推出"空屋管理服务"，为外出务工居民的空屋提供草剪、通风管理和邮递保管等服务①。

二、大力发展六次产业，将利润更多地留在农业上

目前我国农业六次产业化，更加关注农产品加工和销售环节，而忽视了如何帮助农民将更多的利润留在农业上，由此导致了城乡收入差距的逐年扩大。借鉴日本经验，政府应该在六次产业发展中起到积极作用，通过参与农业生产指导工作，推动地方农产品质量分级标准认证工作，支持农业合作组织发展，培育乡镇企业，设立农产品直营超市，完善乡村基础设施，促进乡村信息通信业发展，促进创业和发展旅游业等，让农产品从田间地头到餐桌的各个环节形成紧密关联，推进农业从农产品生产向加工延伸，结合乡村旅游和休闲农业开发，实现一、二、三产业融合发展，扩大稳定的就业机会，增加农业附加值，提高农民收入，留住农业生产的主体力量。

①资料来源：把"移居者的力量"变成"地域的力量"https：//www.kaso‐net.or.jp/files/libs/409/201912091427137111.pdf.

三、治理乡村收缩的措施要因地制宜，加快数字乡村建设

市町村合并曾是日本克服过疏化的办法之一[198]。但在日本实地调研中发现如果仅仅是简单的行政合并，没有形成可依赖的支柱产业，就不能有效地控制人口减少，教育、医疗、行政、福利等公共服务设施的撤并，反而会给当地居民的生活带来不便，甚至会加重村落萧条景象。可以通过发展中心村和培育适当规模的村落、促进当地社区重组等方式，改善收缩乡村的生活环境、保障育儿环境、改善和促进老年人的健康和福利、保障医疗、促进教育等，稳定居民的生活，提高居民的福利。比如，日本山古志村就利用技术服务于社区发展，他们采用NFT(非同质化通证，non‐fungible token)技术，将数字艺术与电子户口本相结合，形成以NFT为节点的社区，促进不同主体间的交流与互助，汇聚全球"数字村民"的智慧共同致力于地域建设的可持续发展①。此外，为了防止弃耕抛荒，日本农业补贴目前主要针对大规模经营者，对耕地零散分布、以小农经营为主的山区和半山区是极不公平的。因此，我国在乡村精明收缩过程中，要慎重对待村庄合并，加快数字乡村建设，农业补贴要突出公平和绿色。

四、帮助乡村居民组织的重建与再建，恢复村落固有机能

我国脱贫攻坚已经取得全面胜利，但是相对贫困在一段时间内仍将存在，未来如何在保障已脱贫乡村居民物质生活水平的基础上，激发农户可持续脱贫的内生动力，进一步提高这些地区乡村振兴的水平，仍是一个长远的命题。收缩乡村需要提高发展的信心、决心与动力，除政府基层组织的完善以外，应为居民提供最低限度的生活保障措施，改善道路和其他交通设施，确保居民日常出行的交通工具，确保和改善收缩乡村的交通功能，同时让每个居民都能参与村庄发展过程，为村庄的发展振兴献计献策，创造具有守望相助精神、美丽朴实、充满乡土人文气息和情怀的美丽村庄，增强居民凝聚力和对村庄的热爱。例如，在宫崎县绫町的村落就定期将妇女和孩子聚集在一起，妇女们制作日本传统食物，孩子们在嬉笑打闹中学习，通过表演节目培养儿童家乡意识，在感情交流过程中传递村落民族文化。在宫崎县美里町，由5名平均年龄73岁的妇女协会成员发起互相守护和相互支持的"长者食物分发服务"活动，从饮食方面给独居老人提供"兼顾看护的面向老年人的配餐服务"，利用季节性的食材，每周两次向40户分发40～

---

①资料来源：山古志居民会议 https：//www. kaso‐net. or. jp/files/libs/998/2024010914 36213425. pdf.

60 份盒饭，以满足社区老年人的需求①。

五、以内生开发为主，振兴收缩地区

根据前文的分析，日本除了在各个发展阶段制定针对过疏化地区的特定法律，而且不断对其完善、修改，明确中央、府县、各地区的责任和任务，确保这些法律法规的顺利实施以外，各个地区也依据自身的实际情况制定相应的地区综合发展规划，并积极鼓励公众参与，以形成"中央-地方-公众"参与的多方治理体系。随着乡村振兴战略的实施，我国相继出台了《乡村振兴战略规划(2018—2022年)》《中共中央　国务院关于实现巩固拓展脱贫攻坚成果同乡村振兴有效衔接的意见》《中共中央　国务院关于全面推进乡村振兴加快农业农村现代化的意见》和《中华人民共和国乡村振兴促进法》等政策法规，在此基础上，各地在编制相应的发展规划时，应充分发挥地区公众主体性，积极吸纳公众参与，共同决策，以反映各地民众对居住所在地的未来愿景。

产业兴则农民富。根据日本经验，过疏地区的振兴依赖于支柱产业的发展，但过疏对策并非都要以开发为取向，而应该从过疏地区的实际情况出发[199]。事实上，开发要求强烈的地域，未必适合于开发[200]。从西北地区发展实际来看，乡村收缩地区由于青壮年劳动力大量流失，人力资源不足，基础设施条件差，经济基础薄弱，外来产业或企业转入或已不可能。所以，在乡村收缩治理过程中，一是要防止收缩地区大规模掠夺性开发；二是要对收缩村庄进行"价值再认识"，利用本地特色资源，通过开发美丽的风景、弘扬当地文化、促进该地区可再生能源的使用，激活民间内生力量，运用智慧和创新，开发具有地域特色的产品；三是开发与生态环境保护并重。

---

①资料来源："面向老年人的配餐服务"的地域守护和支持 https：//www.kaso‐net.or.jp/files/libs/824/202204121030245536.pdf.

第七章　西北地区乡村精明收缩的实现路径

　　城市化、工业化、信息化和智能化步伐加快的背景下，乡村收缩是世界上诸多国家城乡劳动力迁移与城乡社会转型进程中多种矛盾长期交织的结果，是城乡二元结构向现代一元经济社会转变的必然趋势，其发展过程中的负面效应并不会被正面效应抵消。回顾世界发展的历史，在农耕文明向工业文明、后工业文明进步的过程中，农业经济往往处于劣势地位。在此背景下，如果任由市场自由调节，农业农村必然会出现一定程度的发展迟滞和边缘化。村庄空心化和"三留守"是一个问题的两个侧面，外在表现是村子空了，本质上是人一茬一茬离开乡村。乡村是我国传统文明的发源地，乡土文化的根不能断，农村绝不能成为荒芜的农村、留守的农村、记忆中的故园。

　　如何在经济发展过程中有序引导乡村精明收缩，鼓励城乡要素双向自由流动，及时防范和化解乡村收缩的风险和冲击，实现乡村振兴和新型城镇化的有机统一，是各级政府应当高度关注的问题。乡村收缩和乡村振兴可以并行不悖，乡村的可持续发展在新型城镇化和农业农村现代化语境中不应就"地"而论，留守乡村与流出乡村"人"的共同发展才是新型城镇化和乡村振兴的核心所在。因此，要有效应对乡村收缩负面效应，必然要求政府主动作为，积极发挥主导作用，农民发挥主角作用，社会广泛动员，以法律政策为支撑，以财政和货币手段为工具，运用先进科学技术，提高农业经济效益，增加农民群体收入，推动农业经济与工业经济同步实现现代化，促进农耕文明的代际新生。

　　乡村收缩作为经济发展、制度约束等综合作用下的复杂产物，是当前中国广大乡村地域存在的一种社会现象，是城市化过程中无法绕开的十字路口，具有一定的历史合理性，但不可回避的是，它折射出城乡发展和区域经济演进过程中的现实问题，是塑造当前区域经济和城乡经济发展新格局的重要影响因素，也是当前中国乡村振兴和新型城镇化政策制定的重要基础。据相关学者测算，我国人口净流出行政村数量占比高达 79.01%，深度空心村占全部行政村数量的 29.98%[64]。由于中国各地区乡村在资源禀赋、土地结构、地理区位、社会经济地位、文化民俗、人口状况及城镇化阶段等方面都存在巨大差异，相似的人口减少结果，其背后可能有着不同和复杂的时空演化路径和社会经济过程，并没有一个放之四海而皆准的政策方法来解决乡村收缩的问题。而目前所呈现出的消极衰败是不精明、不可持续的收缩，无论是通过大量外部投入希冀扭转收缩，还是顺应趋势强调乡村空间的精明收缩，都没有形成能够引导收缩乡村可持续发展的完整理念，无法真正解决未来更普遍的乡村收缩问题。当然，需要特别强调的是，乡村收缩并不一定会引发衰败，如果应对恰当，收缩和增长一样并且也应该是一种发展范式。所以，应摆脱增长型规划的惯性思维，理性看待乡村收缩。为了避免"一刀切"和"缺乏地方敏感性"政策干预，还需要考虑具体和现实的目标，并充分考虑乡村集体财力的承受能力，根据当地情况量身定制，并找到有效预测和创造性地适应未来人口、空间、产业收缩趋势的创新方法。

第一节　乡村精明收缩的内涵与特点

一、乡村精明收缩的内涵

在新型城镇化和中国式现代化的大方向下，乡村收缩是一种发展趋势，而乡村精明收缩也将成为我国乡村发展转型的主要路径。关于精明收缩的概念，目前学术界已经基本达成共识，其定义为：减少增量规划，以人口收缩为基础，优化居住及生活空间，提高人居环境的质量。精明收缩不是不增长，而是主动地适应收缩，以空间集聚和功能优化为手段，在资源合理利用的基础上进行。将重点放在如何保持地区经济繁荣，在收缩的前提下提高居民生活质量[207]。

目前，乡村精明收缩并不是学术界达成共识的专有名词，不同学者针对乡村精明收缩的现象提出了不同的概念。比如，游猎等学者认为乡村精明收缩是通过必要的政策干预，有计划地对农村的土地、房屋住宅、基础设施和公共服务设施等农村人居资源进行空间上的优化配置，包括合理退出、空间集聚以及层级调整等，以减少乡村人居资源的浪费，提高乡村公共配套设施的服务效率，提升乡村人居活力，改善乡村人居空间品质[208]。鄢德奎等学者认为乡村精明收缩不是空间的加减法，其精明在于在合理调配乡土资源的基础上，更注重乡村社会的自发秩序，通过政府制度建构促进乡村国土空间规划引领与乡村自治相协调，在政府让渡空间的同时激发乡村内生动力，实现精明的收缩治理，从而提升乡村自治能力，实现乡村的可持续发展，更好地回应乡村治理现代化、新型城镇化和国土空间规划体系重构等宏大命题[209]。

尽管对乡村精明收缩的缘起和定义有着不同的认识和理解，但总结各位学者的研究成果不难发现，乡村精明收缩是一种主动适应乡村人口流失、劳动力老龄化、土地闲置化、资源失衡化、村庄收缩的综合性乡村发展新模式。乡村精明收缩是以减量规划、精准投入、公众参与为指导理念，以转型重构为抓手，通过统筹协调规划，确保乡村有限资源转型置换与优化重组，有效化解人、地、资本等生产要素间的失配矛盾，通过合理组织生产、生活和生态空间，实现乡村空间的紧凑、集约和高效使用，提升土地利用效率，加强乡村生态环境保护，挖掘乡村不同于城市的价值性，逐渐恢复乡村机能和活力。其本质在于优化资源配置，提升乡村留守居民的生活品质和幸福感，提高乡村发展的效益和持续性，实现乡村社会的全面发展和进步。

二、乡村精明收缩的特点

乡村精明收缩是一种新型的乡村发展理念和实践模式。乡村精明收缩理念不再执着于实现乡村人口的回流，而是顺应乡村收缩的趋势，发挥村民的主导力量，对乡村的发展潜力进行评价，充分利用乡村资源禀赋，通过土地、资源等要素的精明收缩，满足村民生产生活实际需求，增强乡村地区吸引力，保持乡村活力。其特点包括以下几点。

资源优化配置。乡村精明收缩注重通过合理规划和管理乡村资源，提高资源利用效率，提升乡村社会整体福利水平。

产业结构升级。通过精明收缩，实现乡村产业结构的升级，培育新型农村经济主体，发展乡村特色产业，提高乡村经济的竞争力和可持续发展能力。

全方面均衡发展。乡村精明收缩旨在实现乡村的全面发展，包括经济、社会、生态等多方面的均衡发展，注重经济、社会、生态协调发展。

绿色可持续发展。乡村精明收缩强调推动绿色发展理念，保护乡村生态环境，实现乡村生态保护和资源可持续利用，为乡村经济和社会发展提供坚实的生态基础。

创新驱动发展。乡村精明收缩鼓励创新，推动科技与产业融合，培育新兴产业，提升乡村经济的发展动力和活力。

社会治理提升。乡村精明收缩强调加强乡村治理体系建设，提升乡村社会治理水平，促进乡村社会和谐稳定发展。

这些特点共同构成了乡村精明收缩的核心理念和实践特征，为乡村发展提供了新的思路和方向。

第二节　乡村精明收缩的目标与任务

一、乡村精明收缩的目标

在精明收缩理念指导下，乡村精明收缩的直接目标是促进村庄经济发展，满足村民需求，塑造具有吸引力的乡村，其深层次目的是追求村民福利增长和整个社会生产过程的收益最大化，从而实现乡村的活力性、有机性发展的目标。具体目标包括以下方面。

实现乡村资源的合理配置和利用，提高乡村的整体经济效益和社会效益。包括优化土地资源利用，提高农业生产效率，以实现资源的最大化利用和经济效益的最大化。

促进乡村产业结构的优化和升级，提升乡村经济的竞争力和可持续发展能力。这意味着培育新型农村经济主体，发展乡村特色产业，推动乡村产业向高附加值、绿色、可持续的方向发展。

提高乡村居民的生活品质和幸福感，实现乡村社会的全面发展和进步。包括改善农村基础设施、提升公共服务水平、促进乡村居民收入增长，以及提升教育、医疗、文化等方面的发展水平，努力使乡村地区与城市家庭建立联系，将其塑造为居住、创业的理想地。

保护乡村自然环境和文化遗产，实现乡村生态文明建设的目标。这意味着推动绿色发展，保护生态环境，传承和保护乡村传统文化和历史遗产，实现生态、经济和社会的可持续发展。

二、乡村精明收缩的任务

优化乡村土地利用结构，实现乡村空间紧凑成长。包括通过科学规划，利用遥感、大数据等技术，依据当地自然地理环境、空间区位和经济发展方向，合理划分土地用途，统筹安排农田、村庄、生态用地、建设用地等，推动土地资源的高效利用和合理配置，实现乡村空间要素整合、乡村空间结构协调和乡村空间功能优化。

加强乡村基础设施建设，提升乡村生活质量。这意味着加大对乡村基础设施建设的投入力度，优化乡村交通、水利设施、能源供应等基础设施条件。通过数字乡村建设，加强乡村与外界社会的沟通和交流，优化乡村社会资本，满足留守村民对教育、就业、养老保险等资源所具有的异质性较强的需求，最终实现留守村民的生活舒适便利和精神富足。

推动乡村产业转型升级，发展乡村特色产业。包括通过科技创新和现代农业技术引进，提高土地的产出效率，培育和支持新型农村经济主体，鼓励乡村发挥自身资源禀赋优势，发展乡村特色产业和乡土文化产业，推动乡村经济业态多样化，优化乡村经济模式，创造就业机会，增强乡村产业与环境的匹配度，推进乡村产业向高附加值、绿色、可持续发展，实现农业现代化的发展目标。

加强乡村治理体系建设，提升乡村社会治理水平。这意味着完善乡村治理体系，充分尊重和调动乡村居民发展的意愿，积极吸纳社会各领域的力量，强化乡村社会组织建设，推动基层民主自治，提升农村社会治理水平，关注促进乡村社会和谐稳定发展。

保护乡村生态环境，实现乡村绿色发展和资源可持续利用。包括加强对乡村生态环境的保护和修复，推动绿色发展理念，实施生态补偿政策，通过技术支持合理开发利用具有地域特色的自然资源和环境景观，并将其作为乡村发展的新增长点，促进乡村生态环境保护和可持续利用，为村民提供优美和谐的生产生活环境，实现经济、社会和生态效益的统一。

第三节　乡村精明收缩的思路与原则

一、乡村精明收缩的思路

当前，我国最大的发展不平衡是城乡发展不平衡，最大的发展不充分是乡村发展不充分。因此，从国情出发，迫切需要坚持农业农村优先发展，全面推进乡村振兴战略。要推进乡村振兴战略的深入实施，必须着力破解乡村收缩问题。针对乡村收缩的问题，应该转换思路，把量的收缩转换为质的提升，要坚持以农民为中心的发展思想，积极构建城乡融合发展体制机制和政策体系，释放乡村发展的潜力和活力，推动农业农村现代化发展。总体而言，本书认为破解乡村收缩的思路主要有以下几个方面。

第一，精准识别收缩乡村。对收缩乡村和非收缩乡村进行精准识别是乡村精明收缩的基础和前提。只有在此前提下，乡村精明收缩行动和结果才可能是高质高效的，才可能实现精准发力、精准施政。

第二，坚持以城乡一体化为治理目标。调整地方政府投资偏好，强化地方政府的政策导向和规划引领的作用，根据当地资源禀赋、技术水平和区位条件，积极引导聚集和优化配置本地区的各种生产要素，遏制生产要素的进一步流失，消除阻碍人员、资金等经济要素在城乡间流动的壁垒，促进各种资源向乡村和欠发达地区流动。

第三，坚持以县域经济发展为治理主轴。加快县域产业结构优化升级，打造安全可靠的农产品生产体系，通过一二三产业深度融合，不断延伸产业链、技术链和价值链，增加农业附加值，积极构建支撑县域经济可持续发展的现代产业体系，提高县域经济发展活力。

第四，坚持以制度完善为治理保障。完善制度保障，通过营造良好的制度环境，提升县域城镇化质量。

总体破解路径如图7-1所示。

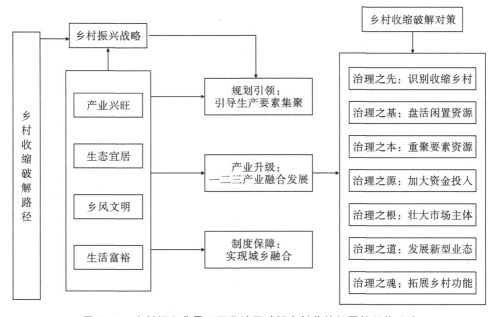

图7-1　乡村振兴背景下西北地区破解乡村收缩问题的总体思路

二、乡村精明收缩的原则

第一，生态优先，彰显特色。要充分考虑经济、社会及生态等方面的要求，以保护乡村自然环境为主要支撑点，因地制宜，延续村庄原有的自然风貌特色和乡土文化韵味，保护乡村整体景观。

第二，以民为本，切实可行。规划要体现以农民为本、乡村特色和时代特征，围绕提高农民生活质量品质、促进乡村全面发展的原则，保留和培植一乡一业、一村一景、一村一特，不贪大求洋、不大拆大建、不盲目模仿，做到经济适用、自然合理、技术成熟，体现人、自然、建筑的和谐。

第三，空间聚集与社会公平适度平衡原则。对每个自然村的留守人口、外出务工人口、所需建设用地和产业发展等做出科学估测，做到中心村与各自然村规划一起进行，强调"全县域"统筹、以"村域"为单元和"一张图"管理，村庄用地现状图、村庄规划总体布局图、公共设施分布图、近期建设项目详细规划表等一应俱全，使整治有据可依，避免建设的盲目性、扩张性、随意性和破坏性，重点放在乡村活力的营造上。

第四，要坚持民主性与科学性相结合原则。村庄整治方案要在广泛征求专家学者意见、村民认可的基础上逐步推进，通过反复讨论论证，对不同的意见进行归纳、梳理，对没有采纳的意见建议及时进行解释答复，充分吸收合理化意见建议，向村民公示后，经村民代表大会讨论通过，报乡镇人民政府审核，并上报给规划部门审批，一经审核批准，不得随意更改，必须严格按规划方案执行。

三、县域层面实施乡村精明收缩的现实意义

(一)县域是统筹乡村地域的最小规划单元

县域是我国2000余年来最基本的地方政府行政管理单元，它具有上衔省域、下通乡域，同时连接城乡的重要功能[210]，是各种规划、计划编制与实施的重要主体[211]，其空间面积适宜性、人口数量合适性、资金筹集规模性、基础设施条件提供性及产业可规划性决定了以县域为基本单元治理乡村收缩的科学性。一方面，由于县域"两栖人口"较多，乡村收缩的治理需要依赖县域系统的地域空间组织优化、产业承载和综合服务供给功能；另一方面，在县域空间内更易统筹广大乡村地域分散的人、地、物、组织等要素和服务体系等，能有效激活传统乡村的小农经济，促进小农户与农业农村现代化有效衔接(见图7-2)。以县域作为最小规划单元实施乡村收缩的治理，对于有序推进和美乡村建设、加快补齐乡村发展短板、优化乡村生产生活生态空间等都具有重要意义。

(二)县域是乡村精明收缩的重要依托

在快速城镇化进程中，乡村劳动力非农化速度加快，随之产生的诸如耕地撂荒、宅基地季节性闲置等乡村收缩问题也逐渐走入人们的视野，乡村收缩整治日益成为当前学界和社会广泛关注的焦点。传统的乡村收缩治理聚焦于村域层面土地性质与功能的置换和村域范围内空间结构的重组，缺乏对村域内生态、生产和生活的统筹考虑，极易造成城与村、村与村之间空间系统的割裂与隔离，甚至造成整个乡村生态系统、农田生产系统与人居环境系统的破碎化，阻碍乡村振兴与

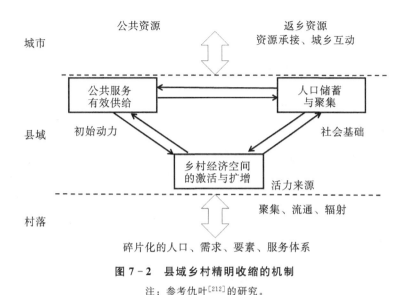

图 7-2　县域乡村精明收缩的机制

注：参考仇叶[212]的研究。

城乡融合发展。县域是城乡要素与产业融合发展的整体单元与天然空间载体，其生态经济社会价值内嵌于区域空间价值链之中，影响着区域生态经济社会文化协调性的生成，是统筹城乡资源要素，振兴乡村和构建新型城乡关系的重要平台，对于完善乡村收缩治理体系、开展收缩乡村整治、实现乡村地域保护与开发协同、推进我国乡村振兴战略、新型城镇化战略目标的有效落实具有重要意义。本书对县域的强调也意在表明乡村收缩中的乡村并非规划的基本经济单位，而是包括县城在内的"镇-乡-村"相互供给养分的复合型县域有机体。

第四节　西北地区乡村精明收缩面临的挑战与困境

尽管乡村精明收缩具备系统性的乡村发展优势，能更全面、更集约、更高质量地实现乡村可持续发展，但由于我国乡村治理理念与治理的短板，依然存在乡村人口老龄化低层次、农民收入未能有效转化、"视觉贫困"、生态系统退化、内生动力不足的挑战。这些挑战与困境凸显了乡村精明收缩在价值观念及实践方面的阶段性瓶颈。

一、人口流失带来老龄化低层次问题

随着青壮年劳动力持续流出，西北地区乡村人力资源配置不足且呈现老龄化、低层次化，乡村产业发展主体弱化趋势日渐凸显。据第七次全国人口普查数据，西北地区居住在乡村的人口为 4288 万人，占 41.39%。与 2010 年第六次全国人口普查相比，乡村人口减少了 1259 万人。十余年来，西北地区各省（区）乡村人口经历了不断收缩的变化过程（见图 7-3）。伴随人口收缩，乡村人口结构年龄老化和高素质人才流失，有技术、懂经营、善管理的年轻人日益缺乏。这一方面导致了教育、养老、医疗、保健等社会福利负担加重，给乡村地区的各类设施建设带来不利影响，进一步加剧了城乡公共服务的不均衡现象，导致乡村人口外流趋势加剧，造成恶性循环；另一方面，劳动力素质下降影响技术创新和产业升级，农业生产力下降影响乡村经济的可持续发展。根据第三次全国农业普查数据，2016 年，西部地区农业生产经营人员有 10734 万人，其中 35 岁及以下仅占21.9%，36～54 岁占 48.6%；55 岁及以上占比为 29.5%；文化程度初中及以下的占比高达 93.3%，高中或中专占比为 5.4%，大专及以上仅占 1.2%。

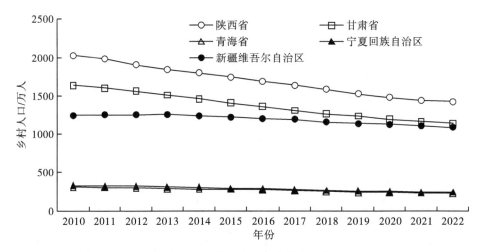

图 7-3　西北各省（区）乡村人口数

资料来源：《中国统计年鉴 2023》。

二、生产效率提升未能有效转化为农民收入问题

农业生产效率的提升通常被认为是现代农业发展的重要目标之一。实地调研发现，西北地区乡村主要以第一产业为主，二、三产业发展不足，产业结构呈现出单一性。由图 7-4 可知，西北五省各省（区）第一产业增加值占比均高于全国平均水平。单一产业结构下的农业资本深化所带来的农业生产效率提升并不意味着农民收入增长。首先，农业生产效率的提升往往需要大量的投入，包括先进的生产技术、高效的农业机械和设备等。这些投入可能会增加农民的负担，尤其是

对于西北地区的小规模农户而言，他们可能无法承担这些成本，从而难以享受到生产效率提升所带来的收益，"增产不增收"现象突出。比如，2015—2021 年，甘肃省农村居民人均第一产业经营收入占比从 36.17% 下降到 36.01%，反映出农村居民从第一产业发展中获取的效益在逐年减少。其次，农产品属于必需品，具有需求价格弹性低这一特性，因而即使农产品供给增长、农产品价格有所下降也并不会刺激居民消费，导致农户的收入不稳定甚至亏损。最后，以资本下乡为主的农业资本深化，导致土地大规模流转和集约化经营，机械化和自动化程度不断提高，从而减少了对人工劳动力的需求，普通农户收入无法得到有效提高。2022 年，陕西、甘肃、青海、宁夏、新疆五省（区）农村居民人均可支配收入分别为 15704 元、12165 元、14456 元、16430 元、16550 元，增幅均高于城镇居民人均可支配收入增速，但西北五省（区）农村居民人均可支配收入均低于全国平均水平（20133 元）。从收入结构上看，工资性收入在农民收入构成中占比略有提高；经营净收入占比最大，但呈下降趋势；财产净收入占比低且变化不大；转移净收入占比大幅提高（见表 7-1）。

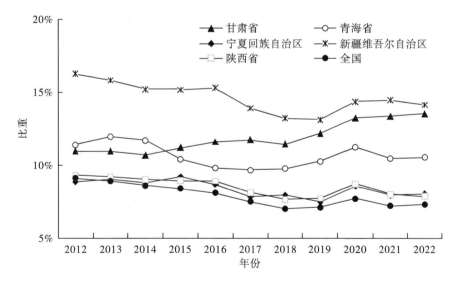

图 7-4　西北各省（区）第一产业增加值所占比重

资料来源：国家统计局。

表7-1 2022年西北五省(区)农村居民人均可支配收入构成

单位:%

构成	全国		陕西		甘肃		青海		宁夏		新疆	
	2013	2022	2013	2022	2013	2022	2013	2022	2013	2022	2013	2022
工资性收入	38.7	42.0	40.7	41.4	26.4	28.8	27.5	32.9	39.9	37.0	15.8	32.6
经营净收入	41.7	34.6	35.7	29.9	44.6	44.7	43.2	38.6	45.8	40.5	66.3	43.0
财产净收入	2.1	2.5	1.3	1.6	1.2	1.3	2.1	2.6	1.5	2.2	2.6	3.2
转移净收入	17.5	20.9	22.4	27.0	27.8	25.2	27.3	25.9	12.8	20.2	15.3	21.2

资料来源:《中国农村统计年鉴2016》《中国农村统计年鉴2023》。

三、空间闲置废弃带来"视觉贫困"问题

随着城镇化进程的持续推进,西北地区乡村空间闲置浪费的问题愈发严重,包括宅基地因建新不拆旧、批而不建和城乡季节性两栖占地等不同原因造成的房屋空废化以及宅基地、农用地闲置等。随着乡村人口不断流失,经济凋敝造成村庄内建筑维护能力下降,加速了物质空间的衰败,闲置房屋屋顶、墙身破损与坍塌,以及构件的残缺与腐朽,公共建筑功能废弛,人居环境品质下降(见图7-5)。大量的废弃土地、废弃房屋和农田荒芜会破坏乡村的整体景观,给人一种荒凉、萧条的感觉,乡村空间风貌协调性丧失,影响了乡村的环境和生态美感。乡村空间的闲置和废弃意味着农田和土地资源的浪费,这些资源原本可以用于农业生产或其他经济活动,但因为废弃而无法发挥作用,导致资源的低效利用,影响了乡村的持续发展。

图7-5 甘肃省ML县某村庄废弃宅基地

资料来源:笔者实地调研。

四、生态系统退化带来治理成本增加问题

城市化的快速推进改变了乡村生态系统。首先,农业资源环境约束加大,农业水资源紧缺问题日益突出,过度的农业资本深化,带来粗放式生产、破坏式开发以及农药化肥等有毒有害物质的过度使用,可能会导致土壤侵蚀、水资源污染等环境问题,使乡村地区面临严峻的生态环境问题。如表 7-2 所示,2022 年,与多年平均值比较,地表水资源量除青海、新疆分别增加了 12.8%、10.1%外,其他省(区)均有不同程度的减少,其中宁夏减少最多,减少了 21.9%。与此同时,西北农业用水占比居高不下,其中宁夏的农业用水量占比最高,为80.84%。其次,乡村收缩导致大量房屋和建筑物空置或废弃,这些废弃建筑物可能成为垃圾堆放点或者非法倾倒场所,导致环境污染,特别是土壤和地下水受到污染的风险增加,对周围环境和生态系统造成负面影响。最后,传统自然景观和风貌在乡村收缩过程中由于日常投入和维护不足加速衰败,造成了不同程度的"自然侵蚀"效应,导致生态环境治理成本增加。

表 7-2 2022 年西北五省(区)降水量、地表水资源量及农业用水量

指标	全国	陕西	甘肃	青海	宁夏	新疆
降水量/毫米	631.5	671.1	253.6	341.1	253.7	141.3
与 2021 年比较/%	-8.7	-29.7	-12.1	-4.3	-7.3	-12.6
与多年平均比较/%	-2.0	2.2	-9.1	7.8	-12.2	-10.4
地表水资源量/亿立方米	25984.4	330.6	221.6	707.5	7.1	871.0
与 2021 年比较/%	-8.2	-59.2	-17.4	-14.2	-5.2	13.4
与多年平均比较/%	-2.2	-14.0	-14.6	12.8	-21.9	10.1
农业用水量/亿立方米	3781.3	57.5	82.3	17.1	53.6	513.9
农业用水量占比/%	63.04	60.59	72.90	69.80	80.84	90.71

资料来源:中华人民共和国水利部《2022 年中国水资源公报》。

五、文化土壤消解带来内生动力不足问题

乡村作为基层自治的基本单元之一,具有村民治村的天然基因。随着城镇化和工业化的快速发展,造成乡村劳动力、资金、土地等生产要素净流失,加速人群的空间流动,由村民聚居形成的文化土壤也逐渐消解。在城市生活影响下,传统繁复的节庆仪式不断简化,文化多样性消失,文化传播功能退化,乡村文化遗

产正面临失传境地。乡土文化认同感不断下降，乡村成员的关系构成趋于简单，原本由血缘、地缘、业缘等组成的紧凑稳固的社会结构逐渐解裂，由此导致村庄自组织经济和社会体系逐渐解体以及伦理规则消散，人才组织结构严重失衡，特别是乡镇青年干部队伍不健全，使乡村自治走向弱化，也导致乡村公共空间活力降低。在笔者调研的一些村庄，都存在着"两委"换届选举时参选选民不足、村干部选举难和管理人才断代、乡村治理断层等问题，这无疑增加了乡村治理的难度。

通过对我国西北地区乡村收缩面临挑战的梳理可知，乡村地区发展面临着严峻形势。面对困难重重的发展局面，我国西北地区乡村要真正实现振兴，就必须直面乡村收缩的现实，探索通过破除要素流动壁垒、优化资源配置、培养专业人才、优化乡村空间等方式，走出一条因地制宜、切实可行的乡村精明收缩发展路径。精明收缩理念面向人口流失地区经济社会发展需求，在遵循乡村地域系统发展规律、把握乡村要素地域分异特征的基础上确定乡村发展类型，通过精明合理的资源配置方式与产业政策互动实现要素减量前提下的收缩型发展，理论内涵契合当前我国乡村发展实际，有望为收缩地区的乡村振兴战略实施提供可行途径。

第五节　西北地区乡村精明收缩的实现路径

乡村兴则国家盛，乡村稳则国家安。实现中华民族伟大复兴，需要解决好城乡发展中存在的不平衡以及乡村发展不充分的问题。乡村不仅仅是政治与社会发展的稳定器、环境与生态的缓冲器，更是国家战略安全的缓冲带[213]。乡村收缩问题的出现以及引起的负面效应，除经济、社会和自然的因素外，根源还是在城乡分割的二元结构。因此，乡村收缩问题的解决，还是需要城乡共生共荣，即城市与乡村双向互动。

县域是联结城市和乡村的重要纽带，是城乡融合发展的切入点，也是乡村收缩综合治理的基本单元。基于城乡结构转变和城乡人口流动的双重影响，地方政府应立足县域资源，顺应人口流动变化趋势，重构城乡空间结构、产业结构、要素结构、治理结构，以形成有利于城乡融合共生的发展格局[214]。综上，为了更好地治理乡村收缩，同时推进乡村振兴实现共同富裕，基于本书研究的结论提出如下政策建议。

一、加强村庄规划管理，保护生态环境，增强自然供给拉力

(一)合理规划村庄布局，防止村庄建设无序扩张

乡村地域空置和荒废的人居空间合理处置利用对国土空间的格局优化至关重要[101]。坚持科学规划、合理布局，确立精明收缩的村庄规划理念，在充分尊重村民意愿的前提下，以乡村振兴为导向，加快收缩乡村的分类整治，围绕建设用地及乡村宅基地制度改革，促使土地资源要素得到合理的配置和利用，是破解乡村收缩问题的重要手段。

第一，以国土空间规划为指导，严格保护耕地，统筹做好村庄规划和全域土地整治规划。现阶段随着人口的外流，留守村庄的多为老人和儿童，在主要劳动力长期不居住的情况下，很多村民不愿自行修缮房屋，导致很多村庄的居住条件、公共设施服务水平、卫生条件等方面比较差。村庄规划需要依据不同地区的经济、社会、文化和生态环境条件，充分考虑发展的阶段特征和公众意愿等，根据"一村一策"、平(房)楼(房)结合的原则，将村庄规划与区域产业布局调整有机结合，根据各村自然条件、景观特色、经济水平、人口规模、民俗文化、公共服务设施和距离城镇远近等现实条件精准辨别村庄发展模式，比如收缩型、稳定型、扩张型等，进行自下而上"个性化"规划引导，保持乡村特色，防止盲目收缩。

第二，以县域为单元推进土地整备，分村分类施策。根据村庄分类明确村庄规划编制特色和重点，按照"编制能用、管用、好用的实用性村庄规划"的要求①，制定具体的规划标准和操作细则，提出差异化的村庄规划编制内容，确保规划的科学性和合理性。制定科学的乡村闲置废弃房屋的有偿整治腾退再利用鼓励政策，严格实行一户一宅制，合理布局乡村生产、生态和生活空间，优化村庄的布局，避免村庄建设的无序扩张，建立适应城乡融合发展的村镇体系，进一步提高乡村土地综合利用效益，保障留守村民的福祉水平。比如，近郊型收缩村庄可选择撤村进城模式，闲置宅基地一次拆光，新的建设基地按照限额一次安排到位，实行一户一宅。而距离城镇较远的收缩村庄，在充分考虑农民愿不愿意和村庄能不能合并这两个至关重要的问题的基础上，可以按照地理相邻、民俗相似、情感相近、产业相同和治理相融原则选择合村并建。当然，无论是撤村进城，还是合村并建，都要审慎推进，防止政策"异化"而损害农民权益。在地方财政允许

---

①2019 年自然资源部办公厅《关于加强村庄规划促进乡村振兴的通知》。

的情况下，设立专项产业扶持基金，进一步提高区域集聚生产要素的能力[101]，把新型乡村社区建设成适合农民生产生活的美丽家园。

(二)创新乡村土地制度，盘活乡村闲置土地资源

乡村的土地制度是保证乡村经济发展、社会稳定的根基性制度，土地资源的合理利用和分配直接关系到亿万农民的切身利益。进一步完善创新农地制度，实现农地制度科学化、法制化，是新形势下的新任务、新要求和新挑战，也是盘活乡村资源，实现乡村振兴的必然要求。

第一，构建驱动乡村振兴的乡村土地制度。加快破解以宅基地为重点的乡村土地制度，深化拓展农民土地产权的权能内涵，切实保障集体权益。继续承包赋权，保障乡村土地承包关系的持久稳定。保护流转权利，赋予其完备的流转处分权能(再流转、抵押、担保)，健全乡村产权流转交易的市场体系和市场平台，促进经营权的资本化、金融化。完善乡村宅基地"三权分置"制度，要确保确权、赋能、盘活三个环节的完整性，以有效改善乡村人居空间资源的优化配置。

第二，深化乡村宅基地改革，推动土地整治。定期统计全县收缩乡村土地闲置面积，摸清乡村收缩的现状特征和整治的潜力。在统计的基础上，要对土地闲置情况进行分类，为后续废弃、闲置土地的调整提供依据。在认定成员资格、实行特别法人登记、保护合法继承权的基础上，建立集体成员资格退出机制，健全宅基地有偿使用机制，合理处置废弃宅基地，有效盘活闲置房产。比如，鼓励专业经营组织收购收缩乡村宅基地使用权进行经营或复垦原宅基地，发展特色产业增加农民收入。政府通过加强耕地保护、财政补贴、金融信贷支持、技术培训、价格调节、政策引导等经济和法律手段，引导村民将闲置土地流转，鼓励新型农业经营主体适度集中连片经营，防止耕地撂荒。

第三，鼓励集体依法经营土地。引导农户将闲置宅基地、农房使用权入股到村集体经济组织中，由村集体经济组织提供资源、资产，方便外来主体整合资源，发展旅游、民宿等新产业，提升土地价值。通过集体组织牵头采用多种形式进一步推进乡村闲置土地的有效开发利用，比如直接开发、拍卖、转租或者合作开发等。借鉴土地银行模式，探索乡村建设用地收储机制，增强村集体经济发展能力。积极鼓励引导农村集体经济组织通过收缩村庄改造政策依法取得建设用地。根据 2020 年中共中央、国务院《关于构建更加完善的要素市场化配置体制机制的意见》，乡村集体建设用地可以直接入市，未来需要探索如何通过市场化运作的办法解决改造资金短缺问题，鼓励开展宅基地复垦，完善乡村土地价值实现的制度基础。

第四，充分利用并整合财政项目资金，鼓励社会资本积极参与村庄整治。用

好土地增减挂钩政策，稳步提高土地出让收入用于农业农村的比例。加大农业发展资金、土地综合整治资金等涉农资金统筹整合力度。市、县财政增量部分安排一定量的资金，对连片拆除在一定平方米以上的给予一定奖励；对建设改造贷款贴息，改造提升过程中的乡村公共基础设施和基本公共服务设施建设适当给予补助。多元筹措整治资金，支持市场主体下乡参与乡村建设，引导金融部门积极探索良性偿债机制和信贷合作机制，采取集体资产抵押、质押、担保、互保等多种形式，缓解收缩乡村改造资金短缺问题。

（三）增强村民环保意识，促进生态环境保护修复

生态环境是乡村发展的基础和保障，保护生态环境能够提高土地资源的利用效益，促进乡村可持续发展。西北地区生态环境相对脆弱，在乡村收缩治理过程中，应该秉承"环境作为生产力，生态作为竞争力"的发展理念，将生态环境保护与乡村收缩治理相结合，开辟"绿富美"发展路径。

第一，要充分认识到乡村污染具有污染源复杂、点多面广、治理难度大的特点，加强收缩村庄污染源治理和管控，转变村民意识，鼓励村民践行绿色生活方式，加大生态建设投入，完善污水处理设施和垃圾收集与处理设施建设，构建"治、管、控"多位一体的生态治理体系。

第二，对于生存环境恶劣、交通不便、分布零散的偏远村落，根据收缩程度，可向低地平原地区和主要交通要道周边地区迁移，撤村并居，或者聚落整体搬迁，实施生态移民，优化乡村聚落空间的合理布局，改善收缩乡村人居环境，重构乡村生态环境。这一方面可改善村民的生活条件，提高生活品质，另一方面有利于恢复当地的生态功能。对于文化旅游资源丰富的村落，可通过"生态＋旅游"模式，发展养生旅游和休闲旅游产业，传承和坚守中华农耕文化，将生态文化资源转变为旅游资源，在和美乡村建设中最大限度遵循村落的生活文化生态组织的自生秩序。

第三，要考虑生态环境的修复与保育，在乡村收缩比较严重的生态脆弱区，推进生态保护区建设，制定生态保护红线刚性约束并加以严格管控，修复自然生态区域，完善生态补偿机制，加强生态环境监测和评估，及时发现和解决生态环境问题，防止生态环境恶化，从而实现"生态—经济—社会"价值链的多向传导。

二、促进县域经济发展，缩小城乡差距，增强乡村内生动力

城乡收入差别、就业机会差别对西北地区乡村收缩形成具有重要推动作用，在微观层面，增强各级政府对本地发展的统筹规划能力，重塑县域产业结构，激活县域经济发展活力，提高农民收入，缩小城乡收入差距，应该成为乡村精明收

缩的重要路径。

(一)推动县域乡村产业振兴，激发县域经济增长新动力

农民走向城市是当下的一个趋势，但应该看到，一些农民在县域范围城乡之间的频繁往返。如果县域产业发展是不充分的，县域经济是消费性的而非生产性的，那么县域必定缺乏就业机会，即使农民进入县城买房，县城也不是农民可以安居之地[215]。所以，振兴乡村产业，促进县域经济增长是我国妥善处理乡村收缩问题的根本路径，要把县域乡村产业振兴作为西北地区乡村精明收缩的主要途径和长久之策。

一是优化县域产业结构，培育壮大县域富民产业，拓展乡村就业空间和农民增收渠道。立足县域自然资源优势和传统特色产业优势，制定切实可行的县域产业发展规划，变资源生态区位劣势为产业优势。持续优化农业种植结构和畜牧业养殖结构，加快农产品市场信息体系、质量标准体系和检验检疫体系建设，合理发展县域农产品加工业和食品产业，推进县域一二三产业融合，打造自有农业品牌，提高县域产业聚集程度。推动数字经济与乡村产业有效衔接，通过数据挖掘、分析以及全产业链的实时监测与防控，实现农业生产特色化、智能化、高效化以及供需市场对接精准化。拓展乡村多功能性，推进养老产业、养生产业、乡村旅游等乡村经济新业态发展，提升农村集体经济组织产业发展能力。支持有条件的农民直接或间接经营乡村民宿、农家乐等。帮助有资源可以开发的乡村实现乡村作坊、家庭工场，辐射带动本地乡村居民就地就近就业的同时增加县域财政。

二是发展新型农村集体经济，加快推进农业农村现代化。一方面，坚持维护农民根本利益，从法律层面明确集体经济组织的市场主体地位，增强新型农村集体经济组织的市场认可度，培育乡村集体资产运营管理的专业人才队伍，完善乡村集体资源资产运营的监督管理机制。重点完善农户宅基地资格权保障机制、使用权流转和退出机制，探索集体经营性建设用地入市的具体方式，构建城乡统一的建设用地市场，进一步释放乡村集体产权制度改革促进集体经济发展的效能，由村集体经济组织成立村（股份）经济合作社或资产管理公司，专门负责运营管理集体经营性资产，为村集体经济发展、村内产业建设及吸引人才回流创业奠定基础。另一方面，立足县域载体，保障粮食安全，完善基础设施建设，培育新型农业经营主体，促进农业提质增效，夯实农业农村现代化骨架支撑。大力实施乡村建设行动和乡村生态文明建设工程，提升乡村文化软实力和乡村治理凝聚力，建设宜居宜业宜游的现代化美丽乡村。

三是强化招商引资力度，有效衔接产供销。依托产业优势，推进招商引资工作，重点引进发展潜力强、科技含量高、产业关联度高的项目，形成市场竞争力强的产业集群和产业特色，不断壮大支柱产业、提升传统产业、培育新兴特色产业。鼓励乡村发展电商产业，以直播带货方式促进农副产品销售。支持企业、农业院校、科研院所建立县域科技农业园区和创新孵化项目，对接县域农业产业发展实际需求，形成集技术研发、试验示范、成果转化为一体的快速通道。采取政府代言方式，积极搭建机关食堂、工会平台，定点采购农产品。鼓励物流企业下沉到镇，构建乡村物流综合服务点，打通农产品运输渠道。

（二）出台多元人才激励政策，释放县域经济发展新活力

县域经济发展最大的短板就是各类生产经营主体数量不足、质量不优、创牌热情不高、抗风险能力不强。不断壮大做强县域各类生产经营主体，是激活县域产业内生发展动力，乡村走出收缩困境的关键。

一是建立健全"内引外返"的人才机制，为人才的下乡返乡创新创业创造条件。一方面，通过人才引进、乡贤反哺、干部挂职、退伍军人返乡、乡土专家培训及志愿者下乡等方式激活城乡人才对流，搭建就业服务平台，各有关部门要按国家政策的规定，在培训、税收优惠、信贷扶持、金融服务等方面给予相应的优惠和支持，通过制度让渡助推乡土共同体形成[139]，减缓农业生产主体弱质化的不良趋势。另一方面，加强乡村创新创业生态系统建设，落实人才引进政策。既要在人才招聘时提供政策上的倾斜，如对职称进行定向评价、提供各种进修机会、出台激励政策等，又要为其提供精神和物质保障，如提高工资收入、制订奖励计划、颁发荣誉证书、解决子女教育问题等，创建良好的留人环境，推动县域人才振兴。

二是推动农民教育培训，发展壮大各类新型农业经营主体。全面加强乡村人才队伍建设，积极推动农业生产主体"增减转换"，聚焦乡村科技人才、专业人才、创新创业人才、乡村振兴人才和新兴职业农民五大群体，建立本土精英发现和激励机制，吸引和支持青壮年劳动力进入农业生产领域，细化政策举措，加大培育力度，着力培养一大批懂技术、会经营、乡村情感深厚的新生代农业接班人，承担中国农业转型发展的重任。注重对来自本地的人力资源的培育，在青壮年人口流失较为严重的地区，将尚具有一定劳动能力且存有强烈贡献意愿的老年人作为当地乡村发展的"中坚力量"，满足他们服务社会的愿望，将人口结构劣势转化为新的人口资源优势与特色。引导当地农民开展组织化生产活动，积极发展乡村生产性和生活性服务业，支持农业龙头企业、农民专业合作社、家庭农场和农业社会化服务组织等各类经营主体做大做强。借助高等院校、职业院校教师、场地、技术等资源，定期组织新型农民进入学校学习，帮助农民掌握新的职业技能，不断丰富农民的专业技能理论，提升小农户生产经营能力，促进产业发展与小农户生产经营有机衔接。邀请农业技术人员或农业专家入乡进村培训，切实解决农民遇到的种植、养殖、生产等方面的困难，把知识匮乏的乡村人口转化为优质劳动力资源。

(三)构建多元资金投入渠道，激活县域经济发展新潜能

一是加大国家、省市财政转移支付力度。通过争取乡村振兴、国家粮食生产功能区建设等必要的政策支持，推进县域涉农资金整合，增加对收缩程度较深县域的财政投入。通过先建后补、以奖代投、设立农业农村发展基金、设立抵押担保财政款项等多种方式，提升政府财政支出的效益。加大县域教育、医疗等公共服务和乡村水利、公路、物流等基础设施建设支持力度，缩小地区间政府公共服务水平差距。

二是健全农业农村资金投入保障机制。构建特色鲜明、优势互补的乡村金融服务体系，强化乡村金融专业分工与有机合作，加大财政对乡村金融网点(含服务点)布置、信用体系建设、保险、贷款等的补贴力度。创新农村贷款抵押担保方式，完善乡村产权交易平台，加快建设乡村主体信用信息数据库，推动以农户和新型农业经营主体需求为导向的农业保险创新。

三是引导鼓励社会资本投资农业农村。构建好便捷顺畅高效的社会资本进入乡村的渠道，通过强化政策激励、广泛宣传等方式，引导社会富余资金流向乡村，释放县域各类资源资产的价值红利。创新社会资本投融资方式，建立政府和社会资本紧密合作的利益共赢机制，打造县域社会资本投资农业农村的合作平台，优化社会资本投融资环境。

三、重构村庄价值认同，传承乡村文脉，增强乡村社会凝聚力

乡村收缩的实质是传统村落长期形成的社会网络的断裂，尤其是强社会网络的断裂[216]，导致村庄自我调节能力受损，从而引发乡土社会认同下降、社区共同体意识瓦解，其直接后果是乡村文化边缘化，乡土文化缺失。因此，乡村收缩治理的关键在于必须尽快扭转由于人口结构变化和空间过疏所导致的乡土社会认同下降、社区共同体意识瓦解的趋势，重聚人气。

(一)回归农民主体地位，重构本土社会网络

第一，坚持和践行以人民为中心的发展观。农民是发展乡村经济价值的主体，是保护乡村生态价值的主体，也是传承优秀传统文化的主体。尊重农民的首创性和主体性是村落持续发展的动力来源，农民对村落事务的参与性和积极性是

村落机能组织能否恢复的关键。发挥农民的主人翁意识，激发他们参与村落保护和建设的积极性、主动性和创造性，并使农民在保护和建设村落的过程中充分享受建设成果。乡村收缩的治理不仅仅是拆旧建新问题，更是对农民旧传统、旧思维的破除，是大量的小农户随着农业工业化与治理协调升级而不断成长的过程。能否得到广大农民群体的理解和支持，关系到乡村收缩的治理是否能够取得成效。只有充分调动农民参与治理的积极性，收缩问题才会迎刃而解。因此，必须坚持以农民为主体，充分发挥农民的主导作用。

第二，构建一个乡村精明收缩的利益协商机制，制定切实可行的实施方案。方案的制定要由镇一级加强指导，充分听取村支书、村主任、老党员、老干部、村民代表的意见建议，经主管部门审核把关后，在村一级张榜公示，户主签字认可。整个过程必须尊重广大农民群体的意愿，保证农民的知情权和参与权，尊重自然规律。坚持公开、公平、公正的原则，增强治理工作透明度。收缩村庄改造的规划方案、实施步骤、安置办法、拆迁补偿标准、房屋设计等，要让村民全程参与，主动向村民征求实施方案意见，多次完善后提交"三会"（两委会、党员大会、村民代表大会）通过和乡镇审核批准，并将每一步骤的实施方案公之于众，接受群众监督。要成立专门的监督小组，聘请当地威望高、诚实耿直、认真负责、被村民信服的老干部、老党员、辈分高的长者等组成，具体对改造经费支出、招标、实施、验收等环节进行全程监督，确保整个过程在阳光下操作，使得治理过程中的相关利益群体始终处于监督之中，行为合情合理合法。

（二）重塑新型村规民约，维护乡村传承机制

第一，确保村规民约内容符合国家法律法规，推进村规民约与国家法律的融合互动。村规民约是我国乡村社会特殊调节机制的重要内核，也是乡村各类社会关系的黏合剂与润滑剂，在乡村社会治理过程中能够弥补法治的不足。支持村民自治组织将村规民约作为村民自治工作的重要抓手，充分认识到村规民约对于现代乡村法治建设的重要作用，深入挖掘村规民约在乡村社会治理的合理空间，发挥村规民约的规范约束作用，使其成为我国现代乡村社会治理及乡村社会秩序建构维护的重要柔性治理手段。

第二，培育村民法治信仰，推动村规民约本质特征回归。保障司法公正，使村民愿意寻求法律援助。加强村干部的普法教育，加大对村民的普法宣传，创新普法宣传形式，利用春节、国庆等重大节假日，采用案例宣讲、模拟法庭、法治微课堂等形式多样、群众喜闻乐见的宣传方式开展普法宣传。道德价值观是村规民约价值导向凝聚力的灵魂，重视村规民约道德教化引导，继承村规民约重教化、厚风俗的精神理念，通过设置道德讲堂、德育基地，开展德行礼仪教育、家风家规建设，"模范村民""致富能手""好媳妇""好公婆"等评选，教育引导农民移风易俗，倡导社会主义新风尚，启发群众的道德自觉性，完善村规民约内在蕴含的文化价值理念，提升村民对其所在村村规民约的价值认同。

第三，要传承和创新发展乡村优秀传统文化，凝聚对村落的情感共识。乡村与乡村优秀传统文化是一种共生的关系，乡村是乡村文化的物质载体，乡村优秀传统文化是乡村社会传统价值观的集中体现。没有优秀传统文化滋养的乡村社会将会失去灵魂和活力，只剩一副空壳，传承、保护、创新和发展乡村优秀传统文化对村落发展至关重要。乡村优秀传统文化能够激发村民的情感共鸣，强化乡村社会凝聚力。要加大对反映农耕文化特点的古建筑、民俗、民间艺术、古树等的保护力度，以构建文化承载空间，发挥物态文化传承和教化的功能，凝聚起村民对村庄的情感和认同。通过有规律地开展传统节日活动、民俗文化活动，赋予村民参与的价值感，唤起村民对乡村的亲密感和历史记忆，深化村民价值认同，重拾文化自信与乡土情怀，构建乡村情感共同体，激活村民的公共精神，重建友爱互助的乡邻文化，重塑村民对乡村的认同感、归属感和依赖感。要重视村民精神文化需求，加快乡村文化场所建设，拓展乡村文化展示的平台和空间，以恢复乡村的社会人际信任网络和发展活力。

四、破解城乡二元结构，推进城乡融合，增强社会制度普惠力

（一）深化户籍制度改革，破除城乡要素流动障碍

第一，改革现行的户籍制度，实现城乡一体的居民证制度和劳动力就业保障制度。中国城乡户籍制度具有双向封闭性，不仅农民难以进城，市民更难以下乡[10]，严重阻碍了农业转移人口市民化进程，加剧了乡村收缩。突破城乡二元户籍制度限制，建立符合市场经济规律的人口自由流动机制，构建城乡一体化的劳动就业保障市场，突破农民工进城就业的行业壁垒和社会排斥障碍是决定未来乡村居民主体重构的关键。加快城乡户籍制度改革步伐，降低落户门槛，推进户籍制度向以经常居住地登记制度迈进，将乡村居民政治身份和经济身份区分开来，实现农民公民权利与财产权利脱钩，使乡村的土地权益和政策福利与户籍脱钩、与权证和目标特征挂钩，让农民真正成为拥有完整产权的市场主体，推动农民进城和市民下乡协调发展，为宜居宜业和美乡村建设提供人力资源支持。在切实维护原住民宅基地资格权、土地承包经营权和集体收益分配权等基本权利前提下，向新村民放开同等的公民权利和权限，适当享有土地经营权、房屋使用权以及其他财产性权利，满足新村民日常的生产生活需求，提升新村民的归属感、参与感和幸福感，鼓励新村民积极参与乡村治理，并成为乡村治理的重要主体。

第二，完善权益保障机制，推进城乡公共服务均等化。积极探索乡村土地承包权退出机制，建立农民退出土地承包权的权益补偿机制。进一步引导基本公共服务与户籍脱钩，消除地方社会保障制度差异，不断扩大居住证提供的公共服务、社会福利的范围，在城市承载能力有限的前提下，使农业转移人口在就业、住房、社会保障、子女教育、公共卫生等方面与城市居民享有同等的基本公共服务福利，为农业转移人口建立更有效和更稳定的兜底网。加强劳动就业政策法规建设，不断推进区域协作模式，建设全国劳动力统一市场。加快社会保障的全国统筹，实现老年人医疗保险的异地结算和报销，以降低老年随迁人口的迁移成本，解决农业转移人口稳定居留的后顾之忧。逐步扩大保障性住房供给，实现农业转移人口住房保障"市民化"。

第三，增强政策的激励效应，激发地方政府吸引农业转移人口落户城市的动力。从制度维度来看，进一步推进财税改革，适当调整不同层级政府间的税收分成，合理确定地方政府在共享税中的分成比。在农业转移人口公共服务支出上，明确划分中央政府和地方政府的权力和责任边界，通过转移支付制度、以奖代补、支出与流动人口相挂钩等方式，确保事权和财权对称。完善市民化成本分担机制，建立中央政府、地方政府、企业、农业转移人口四方共同分担的机制，中央政府承担因农业转移人口市民化发生的义务教育、医疗保险、养老保险等部分公共支出，地方政府承担住房保障、劳动技能培训、基础设施建设、贫困救助等其他公共支出，企业承担农民工进城就业需要企业缴纳的社会保险支出，剩余落户成本则由进城农民自身承担[217]。增强地方政府责任意识，明确地方政府在加快户籍制度改革、推进农业转移人口市民化方面的主体责任，先解决举家迁徙的农业转移人口、新生代农民工的落户问题。在配套政策上，完善"人地钱三挂钩"政策，加强对流入人口较多城市的住房、教育、卫生医疗、交通等基本需求的保障力度，调动地方政府吸纳农业转移人口的积极性，做好"三权"维护，增强城市落户意愿。

(二)加快县域城乡融合，打造县域经济发展优势

第一，推进县乡功能重构，分类推进县城发展。2022 年《关于推进以县城为重要载体的城镇化建设的意见》明确指出，要以县域为基本单元推进城乡融合发展，发挥县城连接城市、服务乡村的作用。通过县级、乡镇和村庄之间的权责重构、体系重整、资源重配，重塑县域内政府权责边界，建立适应性的分权结构。充分发挥县域连城带乡的枢纽功能，既要注重宏观政策引导，也要根据不同类型县城收缩程度制定最适合的发展对策。

第二，完善乡村社会保障体系，提升县域公共服务水平。建立健全乡村社会保障体系和养老体系，确保农民能够老有所养、病有所医、住有所居。以乡村基础设施建设为依托，加快推进中心村（镇）建设，改善乡村公共卫生医疗服务和教育体系，解决乡村道路交通、生活用水、房屋建设、医疗保障设施以及公共活动场所等基本民生需要，增强留守农民的获得感和幸福感。构建乡村留守家庭的帮扶和救助工作，为他们提供资金、技术和信息等生产方面的服务，给予他们精神关爱，缓解他们的生产生存困境。提升县域在医疗卫生、文化教育、养老托育、社会福利等方面公共服务能力，优化乡镇公共资源配置，强化和完善乡村养老服务体系建设，构建县域老年照护体系，根据常住人口和社会关系变化情况，合理归并中小学校，谋求社会福利的最大化。通过政府购买社会组织服务的方式，实施专业化、个性化的服务，将收缩村落、空巢家庭、留守人群多元需求转化为具体服务项目，让农民共享乡村振兴的政策红利与发展机遇。

第三，加大县域城乡融合力度，健全完善县域城乡融合发展的体制机制和政策体系。进一步加大城乡融合投入力度，有效整合资源，以需求为导向，深度融合创新链、产业链、人才链、政策链、资金链，以促进县域经济的发展和城乡一体化进程。县域政府要积极推动县城建设，形成一定的城市规模，开辟新的投资与消费空间，吸引郊区人口与乡村人口适度向县城集中，发挥其"城市尾部，乡村头部"的积极效应。通过县域市场建设、文化建设、基础设施建设、公共服务建设等，增加城乡融合发展的作用力和作用点，促进城乡互融互促，带动县域全面发展和农民就近就地就业增收。

五、强化多元协同治理，塑造内生发展结构，提升乡村基层组织力

(一)加强政策顶层设计，建立多元协同的治理体系

从国家层面做好乡村收缩治理政策和机制的顶层设计，纳入实施乡村振兴战略统筹安排，以县域为重要切入点，统筹全国的人力、物力、财力等资源服务国家乡村收缩治理，构建起以农业农村部牵头，其他各政府部门及社会组织协同参与的乡村收缩治理框架。通过建立事前预警机制，提前研判乡村收缩程度与发展态势，充分制定治理对策，防范消解乡村收缩可能引发的各类社会性风险问题。在人口社会性减少趋势下，活用地方资源，恢复乡村活力，重构乡村社区。

乡村收缩治理亟须结合市场、社会以及村民主体力量，以多元主体分担政府治理功能。积极培育、发展各种乡村社会性组织，发展各种社会文化组织，培育乡村经济合作组织，引导和规范各种血缘性、地缘性、业缘性社会组织，健全和完善各类配套组织，诸如村务监督委员会、群团组织、妇联组织、青年团、乡村社区组织以及集体经济组织。增强参与主体之间的互动性，明晰边界和权责关

系，形成合理的治理结构，降低收缩治理的成本，最终实现"整体大于部分之和"的治理成效，比如借助社会公益组织力量，为关爱留守儿童搭建平台，创办养老院等。为了实现多元主体协同治理模式，需要建立一个"自上而下＋自下而上"的双重反馈机制，建立一个由政府、市场、社会组织、村集体和村民共同参与的治理组织，即能够同时接受来自上级政府和下级村民的反馈，并能够及时调整和优化治理策略(图7-6)。以互联网为依托打造一个综合信息管理平台，实现信息共享，提升治理的时效性，推动乡村的人口、产业、社会、土地等子系统由无序向有序转变。

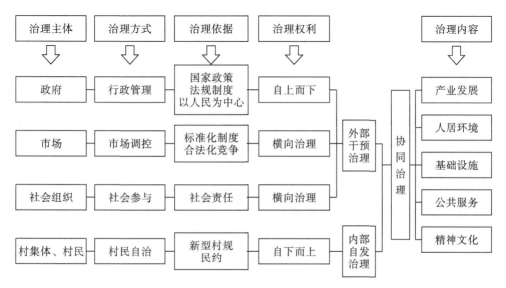

图7-6　多元主体协同的乡村收缩治理路径

注：图片参考余侃华等[218]的研究。

(二)创新乡村基层组织建设，建立内生发展结构

第一，提升乡村基层党组织治理能力，加强乡村基层干部队伍建设。习近平总书记强调"农村基层党组织是党在农村全部工作和战斗力的基础"。针对当前乡村收缩背景下乡村基层党组织功能虚置或弱化的问题，乡村基层党组织建设要以提升组织力为重点，突出政治属性，以解决农民迫切需要化解的实际难题为抓手，突出服务功能，重视对乡村社会关系网络的掌握，强化责任担当。要着力加强换届后的乡村基层党组织建设，重点解决村党组织带头人遴选范围小、谋划发展能力弱等突出问题。要以"选"为立足点，创新乡村基层党组织带头人选任机制，不断提高村级干部素质，将商业精英、技术精英和新乡贤中的先进分子吸收

进村"两委"组织，努力建立一支素质优、能力强的骨干队伍。

第二，建立健全村民自治制度，完善乡村治理体系。充分发挥村民自治组织在乡村收缩治理和推进乡村振兴战略中的基础作用，加强村民自治组织规范化、制度化建设，开展以社区、村民小组为基本单元的村民自治试点，加强村务监督委员会建设。村民自治组织的首要职能是把留守村民组织起来，凝聚外出务工的农民，并有效对接国家资源和农民需求，不断拓宽和扩大村民有效参与的渠道和载体，让所有村民，不管是否外出务工，都能参与基层治理事务，分担责任，真正将农民的知情权、参与权、监督权落到实处。只有将广大的农民组织起来、团结起来成为基层治理的主体，基层治理才能真正有效。

第三，培育壮大乡村经济组织。将发展壮大农村集体经济组织作为重要的发展方向，农民合作社作为新型农民合作组织发展的重点，大力发展其他专业化、社会化服务组织，搞好社会化服务。要以乡村经济组织为依托，发挥好乡村经济组织与农户沟通的独特协调和桥梁纽带作用，有效协调利益主体之间的矛盾和冲突，带动当地优势产业实现规模化经营，让新型农业经营主体，如农业生产合作社和家庭农场等成为城乡资源和人口整合的重要载体，改善收缩乡村的发展，促进乡村经济的发展和社会稳定，让收缩的乡村"充实化"。

第四，鼓励发展乡村社会组织。社会组织具有专业性、灵活性和高效性等特点，可以有效补充政府在乡村治理中的不足。乡村社会组织通过将农民个体以网络形式联结起来，形成了乡村治理的基础。应该重点发展乡村专业协会、公益慈善和社区服务等社会组织，引导和支持村民议事会、道德评议会、红白理事会等农民自组织积极参与乡村治理，注重发挥工会、共青团、妇联等群团组织的作用，注重发挥新乡贤及其组织的作用。党的二十大报告强调要实施积极应对人口老龄化国家战略，我国乡村老龄化快于城市老龄化[219]，具有后乡土性的乡村空巢社会成为常态化存在，留守老年人成为乡村社会的主体，政府应把低龄老人组织起来形成老年人协会，充分发挥老人本身作为有效的社会资源的作用，通过生产互助、生活互助、情感互助，实现精神慰藉和必要的日常照料。

第五，注重现代治理手段的应用。现代化的技术手段为乡村收缩治理提供了更便捷的方式和途径。互联网技术的发展与智能手机的普及使得我国乡村地区享受到互联网带来的便捷，在乡村收缩治理方面，互联网也提供了新的平台。在乡村收缩治理中，面对参与主体不足，可以通过建立乡村治理信息平台、村务公开网站、留言建议专栏的方式征集村民的意见，或者以微信、QQ等形式与村民共同联络，实现乡村治理信息的实时共享和传递，提高乡村治理的效率和便捷性，从而使村民真正参与乡村治理建设，让收缩治理真正意义上体现村民的意志与利益诉求。乡村收缩治理的内容应当是动态的，在村情民意发生变化的时候，其治理内容应跟上社会的发展，及时修正，以保证信息沟通的畅通无阻。因此，要定期对乡村收缩治理绩效进行评估，并根据评估结果调整策略，以确保治理的顺利进行。

第六节　结论与展望

一、研究结论

本书基于推拉理论、城乡融合理论、公众参与理论、协同治理理论等相关理论对乡村收缩内涵与测度、形成机理及治理路径等做了较为深入的研究，为科学合理考察指标体系构建奠定基础，以便于国内对乡村收缩现象持续跟踪预警研究。具体的研究结论可归纳为以下几个方面。

第一，在梳理、评述现有中日两国乡村收缩研究成果的基础上，对中日两国乡村收缩、过疏化内涵和外延的异同进行了详细的考察和梳理，研究发现学界对过疏或乡村收缩概念的理解经历了一个由浅入深的过程，收缩处于乡村衰败的初级阶段，过疏化则是乡村收缩持续发展的产物。乡村收缩具有不可逾越性，具有正负影响的复杂性，其本质是青壮年劳动力持续过度转移带来的各种生产生活困境。

第二，运用政策文本研究方法，从城乡关系演变的视角，梳理新中国成立以来我国户籍制度、农村土地制度改革的内容及产生的影响，总结了乡村收缩在城乡兼顾时期"自发迁移"、城乡分割时期"逆城镇化"、城乡失衡时期"村域空心化"、城乡关系转折期"人口收缩＋土地空心化"、城乡统筹时期"人口收缩＋经济收缩＋公共服务供给不足＋土地空心化"、城乡融合时期"缓解"的发展过程和属性特征的历史逻辑。研究发现户籍制度、土地制度及以此为基础建立起来的城乡二元社会经济体制一直深刻影响着乡村收缩演化的全过程。

第三，借鉴日本过疏化测度方法，结合数据的可获得性，从乡村人口收缩、经济收缩、社会收缩三个维度构建了包含迁移率、财政依赖度及老年系数三个评价因子的中国乡村收缩程度指标体系，并利用2000年、2010年、2020年三次中国县域人口普查数据，对西北地区乡村收缩程度进行综合测算，运用核密度估计、ESDA－GIS等方法对其时空分异规律进行研究，并对其形成机理进行了探讨。研究结果表明，西北地区县域乡村收缩现象普遍存在，2020年较2010年、2000年乡村收缩程度进一步加剧，196个县域均出现了不同程度的乡村收缩现象。从空间分布来看，甘肃省乡村收缩程度总体上呈现"东西中部高、南部低"的地域分异规律，在空间上呈现出陇东地区＞河西地区＞陇中地区＞陇南地区＞民族地区的特征。陕西省乡村收缩程度总体上呈现"南中部高、北部低"的地域分异规律，在空间上呈现出陕南地区＞关中地区＞陕北地区的特征。青海省乡村收缩程度总体上呈现"东北部高、中南部低"的地域分异规律，在空间上呈现出东部农业区＞柴达木盆地＞环青海湖地区＞青南牧区的特征。宁夏回族自治区乡村收缩程度总体上呈现"南部高、中北部低"的地域分异规律，在空间上呈现出南部地区＞中部地区＞北部地区的特征。西北地区县域乡村收缩程度呈全局强空间相关性，空间差异变大，空间非均衡集聚趋势在不断加强。

第四，从形成机理来看，宏观上乡村收缩是自然力、市场力、社会力和政府力多维交互作用的过程，资源禀赋和地理区位是其形成的客观原因，经济发展与要素流动是直接原因，历史基础与社会文化是重要原因，政策安排与治理能力是根本原因。微观上导致乡村收缩的直接因素是劳动力短缺，核心因素是城乡生活质量差距，重要因素是家庭结构重组，根本因素是传统观念。

第五，以日本宫崎县的深度访谈资料为基础，着重分析 2000 年以来日本过疏化地区呈现的 6 个主要特征，即以町村为主向城市蔓延、人口规模分布不均衡、农业劳动力濒临枯竭且高龄化、经营农户数量加速减少、弃耕率逐年上升、町村缺乏支柱产业，并指出日本过疏化地区通过推进六次产业化、建设美丽町村、加大对新务农人员的支持、发展生态有机农业等措施已获良好的治理效果。由此得到的启发是，中国应以内生开发为主，通过实施"新农人养成计划"，发展六次产业，重建与再建乡村居民组织，以防过疏化在中国的扩散。

第六，西北地区乡村精明收缩应该坚持以城乡一体化为治理目标，以县域经济发展为治理主轴，以制度完善为治理保障的基本思路，遵循生态优先、以民为本、规划超前、民主性与科学性相结合等原则，通过加强村庄规划管理、保护生态环境，增强自然供给拉力；促进县域经济发展，缩小城乡差距，增强乡村内生动力；重构村庄价值认同，传承乡村文脉，增强乡村社会凝聚力；破解城乡二元结构，推进城乡融合，增强社会制度普惠力；强化多元协同治理，塑造内生发展结构，提升乡村基层组织力等措施解决乡村收缩问题。

二、研究展望

在全球工业发展的时代，"收缩"或"过疏化"是世界上许多国家经历了或正在经历的过程[220]，是我国乡村振兴战略推进过程中不可回避的现实问题，在理论和实践上都有许多值得深入探讨的方面。

关注城乡发展差距在乡村收缩问题中的作用，包括城市化进程对乡村收缩的影响、城市与乡村之间的资源流动等方面，以更好地理解城乡关系对乡村收缩问题的影响机制，为政府部门和社会组织提供有益的决策建议。

关注乡村经济发展的路径选择和产业结构调整对乡村收缩产生的影响，包括不同经济发展路径对乡村收缩现象的影响，产业结构调整对乡村社区的影响机制等方面。同时，需要对乡村产业升级和转型的路径、政策和实践进行深入研究，探索如何通过乡村产业的升级和转型，增加农民收入，推进乡村振兴，防止乡村收缩现象的加剧，为政府部门和社会组织提供更具针对性的决策建议，促进乡村社区的可持续发展和社会稳定。

关注社会网络和社会资本在乡村收缩问题中的作用，包括社会资本的形成和流失、社会网络的变化和重建等方面。探讨乡村社区中的信任、合作、互助等社会资本的变化和影响因素。同时，需要关注乡村居民之间的关系网络、社团组织和非正式组织的作用，以及这些社会网络对乡村收缩问题的影响。此外，还需要研究现代化进程对乡村社会网络和社会资本的影响，包括科技发展、信息化、人口流动等因素对乡村社会关系和社会资本的影响。通过深入研究社会网络和社会资本在乡村收缩问题中的作用，可以更好地理解社会关系对乡村收缩问题的影响机制，促进乡村社区的可持续发展和社会稳定。

关注乡村居民的生活质量，包括对乡村教育资源、医疗卫生条件、文化活动等方面的现状进行深入研究，探讨这些方面的不平等现象和问题。同时，需要关注如何提升乡村居民的生活质量，缓解乡村收缩问题，包括提高乡村教育水平、改善医疗卫生条件、丰富文化生活等方面的政策和实践。此外，还需要研究城乡发展不平衡对乡村居民生活质量的影响，以及提升乡村居民生活质量对乡村收缩问题的缓解作用，促进乡村地区社会公平和人民福祉的提升。

关注乡村收缩问题治理政策的实施效果和政策的调整，及时评估政策的成效，提出更加具体的政策建议，包括对现行政策的实施情况进行深入评估，了解政策在乡村社区中的实际效果以及可能存在的问题和挑战。同时，需要关注政策的调整，包括对现行政策的改进和优化，以及提出更加具体的政策建议，以促进乡村社区的可持续发展和社会稳定。此外，还需要研究政策在不同地区和不同群体中的适用性，以及政策实施对乡村收缩问题的影响。通过深入研究政策的实施效果和政策的调整，及时评估政策的成效，为政府部门和社会组织提供更具针对性的决策建议。

参考文献

[1]龙花楼，屠爽爽．论乡村重构[J]．地理学报，2017，72(4)：563－576.

[2]张抗私，王亚迪．劳动权益获得对农民工城镇定居意愿的影响：基于就业质量改善视角[J]．财经问题研究，2020(8)：121－129.

[3]刘文波，陈爱萍．我国共同富裕道路上乡村振兴的十大障碍[J]．农业经济，2023，(6)：38－40.

[4]董朝阳，薛东前，马蓓蓓，等．70a来中国乡村人口收缩时空过程及其水土资源效应[J]．长江流域资源与环境，2023，32(3)：638－652.

[5]MARTÍN G，LAURENT R，AFRODITI K，et al. Demographic Challenges in Rural Europe and Cases of Resilience Based on Cultural Heritage Management：A Comparative Analysis in Mediterranean Countries Inner Regions[J]. European Countryside, 2020，12(3)：408－431.

[6]NEFEDOVA T G，MEDVEDEV A A. Shrinkage of the Developed Space in Central Russia：Population Dynamics and Land Use in Rural Areas[J]. Regional Research of Russia, 2020，10(4)：549－561.

[7]VAISHAR A，VAVROUCHOVÁ H，LEKOVÁ A，et al. Depopulation and Extinction of Villages in Moravia and the Czech Part of Silesia since World War II[J]. Land, 2021，10(4)：1－18.

[8]PETER M，YASUYUKI S. Coming Soon to a City Near You! Learning to Live "Beyond Growth" in Japan's Shrinking Regions[J]. Social Science Japan Journal, 2010，13(2)：187－210.

[9]王成新，姚士谋，陈彩虹．中国农村聚落空心化问题实证研究[J]．地理科学，2005(3)：3257－3262.

[10]项继权，周长友．"新三农"问题的演变与政策选择[J]．中国农村经济，2017(10)：13－25.

[11]HIBBARD B H. Agricultural Reform in the United States[M]. New York：McGraw－Hill Book Company, 1929.

[12]冯旭，张湛新，潘传杨，等．人口收缩背景下的乡村活力分析与实践：基于美国、德国、日本、英国的比较研究[J]．国际城市规划，2022，37(3)：42－49.

[13]田毅鹏. 地域社会学：何以可能？何以可为？：以战后日本城乡"过密-过疏"问题研究为中心[J]. 社会学研究，2012，27(5)：184-203.

[14]胡航军，张京祥."超越精明收缩"的乡村规划转型与治理创新：国际经验与本土化建构[J]. 国际城市规划，2022，37(3)：50-58.

[15]焦林申，张敏. 收缩乡村的空废成因与精明收缩规划策略：基于豫东典型乡村的田野调查[J]. 经济地理，2021，41(4)：221-232.

[16]张日波. 从城乡二元到城乡融合：嘉善县统筹城乡发展的经验[J]. 中共杭州市委党校学报，2015(3)：73-79.

[17]高帆. 城乡关系迈向融合发展新阶段[N]. 中国社会科学报，2020-09-09.

[18]李图强. 现代公共行政中的公民参与[M]. 北京：经济管理出版社，2004.

[19]陶东明，陈明明. 当代中国政治参与[M]. 南京：南京大学出版社，1998.

[20]马振清. 中国公民政治社会化问题研究[M]. 哈尔滨：黑龙江人民出版社，2001.

[21]POPPER, DEBORAH E, et al. Small Can Be Beautiful[J]. Planning, 2002, 68(7)：20.

[22]HÄUBERMANN H, SIEBEL W. Die Schrumpfende Stadt und Die Stadtsoziologie[C]. Wiesbaden：Westdeutscher Verlag GmbH，1988.

[23]TIETJEN A, JRGENSEN G. Translating a Wicked Problem：A Strategic Planning Approach to Rural Shrinkage in Denmark[J]. Landscape & Urban Planning, 2016, 154：29-43.

[24]LI Y, WESTLUND H, LIU Y. Why Some Rural Areas Decline While Some Others Not：An Overview of Rural Evolution in The World[J]. Journal of Rural Studies, 2019, 68(5)：135-143.

[25]JOHNSON K M, LICHTER D T. Rural Depopulation：Growth and Decline Processes over the Past Century：Rural Depopulation[J]. Rural Sociology, 2019, 84(1)：3-27.

[26]LI W, ZHANG L, LEE I, et al. Overview of Social Policies for Town and Village Development in Response to Rural Shrinkage in East Asia：The Cases of Japan, South Korea and China[J]. Sustainability, 2023, 15(14)：1-19.

[27]伊藤善市. 在过疏地区建立据点：推进日本列岛的焦点[J]. 中央公论，1967，82(7)：169-177.

[28]冈桥秀典. 现代日本における山村研究の課題と展望[J]. 人文地理，1989，

41：144 - 171.

[29]金科哲. 過疎の概念について[J]. 季刊地理学，1998，59(2)：157 - 159.

[30]周祝平. 中国农村人口空心化及其挑战[J]. 人口研究，2008(2)：45 - 52.

[31]郑殿元，文琦，王银，等. 农村人口空心化驱动机制研究[J]. 生态经济，2019，35(1)：90 - 96.

[32]席婷婷. 农村空心化现象：一个文献综述[J]. 重庆社会科学，2016(10)：75 - 80.

[33]安達生恒. 過疎とはなにか：その概念・問題構造・農業の変化について[J]. 農村開発，1678(7)：75 - 79.

[34]内藤正中. 過疎と新産都[M]. 北九州市：今書書店，1968.

[35]乗本吉郎. 過疎問題の実態と論理[M]. 高石町(大阪府)：富民協会，1996.

[36]大野晃. 現代山村の限界集落化と流域共同管理[M]. 東京：農山漁村文化協会，2005.

[37]小田切徳美. 農山村再生"限界集落"問題を超えて[M]. 東京：岩波書店，2009.

[38]武小龙，刘祖云. 村社空心化的形成及其治理逻辑：基于结构功能主义的分析范式[J]. 西北农林科技大学学报(社会科学版)，2014，14(4)：108 - 113.

[39]徐勇. 挣脱土地束缚之后的乡村困境及应对：农村人口流动与乡村治理的一项相关性分析[J]. 华中师范大学学报(人文社会科学版)，2000(2)：5 - 11.

[40]陈家喜，刘王裔. 我国农村空心化的生成形态与治理路径[J]. 中州学刊，2012(5)：103 - 106.

[41]HOSPERS G J. Coping with Shrinkage in Europe's Cities and Towns[J]. Urban Design International，2013，18(1)：78 - 79.

[42]马良灿，康宇兰. 是"空心化"还是"空巢化"？：当前中国村落社会存在形态及其演化过程辨识[J]. 中国农村观察，2022(5)：123 - 139.

[43]程连生，冯文勇，蒋立宏. 太原盆地东南部农村聚落空心化机理分析[J]. 地理学报，2001(4)：437 - 446.

[44]雷振东. 乡村聚落空废化概念及量化分析模型[J]. 西北大学学报(自然科学版)，2002(4)：421 - 424.

[45]刘彦随，刘玉，翟荣新. 中国农村空心化的地理学研究与整治实践[J]. 地理学报，2009，64(10)：1193 - 1202.

[46]何芳，周璐. 基于推拉模型的村庄空心化形成机理[J]. 经济论坛，2010(8)：208 - 210.

[47]吕东辉，张郁，刘岳琪．乡村收缩背景下松嫩平原乡村地区人口-经济空间耦合关系[J]．经济地理，2022，42(1)：160-167.

[48]张丰翠，陈英，谢保鹏，等．农村空心化对农地流转及农地利用方式变化的影响[J]．干旱区资源与环境，2019，33(10)：72-78.

[49]焦必方．日本城市的过疏化现状、成因及启示[J]．复旦学报(社会科学版)，2020，62(3)：178-188.

[50]章昌平，米加宁，黄欣卓，等．收缩的挑战：扩张型社会的终结还是调适的开始？[J]．公共管理学报，2018，15(4)：1-16.

[51]林善浪，纪晓鹏，姜冲．农村人口空心化对农地规模经营的影响[J]．新疆师范大学学报(哲学社会科学版)，2018，39(4)：75-84.

[52]于波．当前农村的"空心化"现象的双面效应分析[J]．农业经济，2014(5)：29-31.

[53]龙花楼．论土地整治与乡村空间重构[J]．地理学报，2013，68(8)：1019-1028.

[54]郑伯红，田方舟．欧洲收缩乡村地区的时空测度、政策响应与经验启示[J]．国际城市规划，2023，5：1-14.

[55]增田寬也．地方消滅東京一極集中が招く人口急減[M]．東京：中公新書，2014.

[56]宋伟，陈百明，张英．中国村庄宅基地空心化评价及其影响因素[J]．地理研究，2013，32(1)：20-28.

[57]宇林军，孙大帅，张定祥，等．基于农户调研的中国农村居民点空心化程度研究[J]．地理科学，2016，36(7)：1043-1049.

[58]王语檬，陈建龙．黑龙江平原农区村庄空心化演变及其整治措施研究[J]．中国土地科学，2018，32(12)：59-65.

[59]王良健，吴佳灏．基于农户视角的宅基地空心化影响因素研究[J]．地理研究，2019，38(9)：2202-2211.

[60]黄馨，谭雪兰，黄晓军．陕西省乡村人居空间演化类型与精明收缩路径[J]．西部人居环境学刊，2023，38(5)：40-47.

[61]陈涛，陈池波．中国农村人口空心化测量指标改进研究[J]．中国地质大学学报(社会科学版)，2017，17(1)：149-155.

[62]王良健，陈坤秋，李宁慧．中国县域农村人口空心化程度的测度及时空分异特征[J]．人口学刊，2017，39(5)：14-24.

[63]陈坤秋，王良健，李宁慧．中国县域农村人口空心化：内涵、格局与机理[J]．人口与经济，2018(1)：28-37.

[64]李玉红，王皓．中国人口空心村与实心村空间分布：来自第三次农业普查行政村抽样的证据[J]．中国农村经济，2020(4)：124-144.

[65]杨忍，刘彦随，陈秧分．中国农村空心化综合测度与分区[J]．地理研究，2012，31(9)：1697-1706.

[66]潘竟虎，李瑶．甘肃省县域单元农村空心化差异的 PCA-ESDA 测度[J]．人口与发展，2013，19(6)：65-73.

[67]张秀鹏，于立新，张飞飞，等．县域尺度的农村空心化程度综合评估研究[J]．中国人口·资源与环境，2016，26(S2)：162-167.

[68]谭雪兰，于思远，欧阳巧玲，等．快速城市化区域农村空心化测度与影响因素研究：以长株潭地区为例[J]．地理研究，2017，36(4)：684-694.

[69]杜国明，李宁宁，王介勇，等．东北黑土区典型县域农村多维空心化研究：以拜泉县为例[J]．农业现代化研究，2022，43(6)：1091-1100.

[70]佘丽敏，邱永胜．山东省县域乡村收缩时空格局及其影响因素[J]．中国农业资源与区划，2023(10)：1-15.

[71]薛力．城市化背景下的"空心村"现象及其对策探讨：以江苏省为例[J]．城市规划，2001(6)：8-13.

[72]冯文勇．农村聚落空心化问题探讨：以太原盆地东南部为例[J]．农业现代化研究，2002(4)：267-269.

[73]许树辉．农村住宅空心化形成机制及其调控研究[J]．南方农村，2003(4)：14-16.

[74]龙花楼，李裕瑞，刘彦随．中国空心化村庄演化特征及其动力机制[J]．地理学报，2009，64(10)：1203-1213.

[75]董青青，范迪军．欠发达县域农村人口空心化影响机制：基于 Logistic 模型的实证分析[J]．宜春学院学报，2012，34(9)：48-52.

[76]王介勇，刘彦随，陈秧分．农村空心化程度影响因素的实证研究：基于山东省村庄调查数据[J]．自然资源学报，2013，28(1)：10-18.

[77]舒丽琼，刘颖，唐晨珂．凉山州会东县农村人口空心化测度及影响因素研究[J]．山地学报，2021，39(6)：901-911.

[78]孟庆香，吴天，李卫国，等．不同地形条件下农村空心化程度微尺度研究[J]．西北大学学报(自然科学版)，2022，52(4)：656-666.

[79]肖超伟，张旻薇，刘合林．美国乡村人口收缩的特征、影响因素与启示[J]．经济地理，2022，42(11)：163-172.

[80]鲁莎莎，刘彦随．106 国道沿线样带区农村空心化土地整治潜力研究[J]．自

然资源学报，2013，28(4)：537－549.

[81]李红波，刘美豆，胡晓亮，等. 精明收缩视角下乡村人居空间变化特征及类型划分：以江苏省常熟市为例[J]. 地理研究，2020，39(4)：939－955.

[82]曲衍波，赵丽銮，柴异凡，等. 乡村振兴视角下空心村多维形态识别与分类治理：以山东省禹城市房寺镇为例[J]. 资源科学，2021，43(4)：776－789.

[83]王伟勤. 西部地区农村空心化风险及其治理探析[J]. 西北大学学报(哲学社会科学版)，2014，44(5)：69－75.

[84]小田切德美. 直接支払い制度と多自然居住地域政策の課題[J]. 農業土木学会誌，2000，68(8)：809－814.

[85]汪少潭. 农村"空心化"：值得关注的问题[J]. 发展，2010(8)：2.

[86]崔卫国，李裕瑞，刘彦随. 中国重点农区农村空心化的特征、机制与调控：以河南省郸城县为例[J]. 资源科学，2011，33(11)：2014－2021.

[87]张永利，阮文彪. 城镇化背景下的农村"空心化"问题[J]. 赤峰学院学报(汉文哲学社会科学版)，2012(9)：3.

[88]何晓红. 城乡一体化进程中的空心村治理探讨[J]. 理论月刊，2014(10)：146－151.

[89]田秀琴，高金龙，陈雯，等. 乡村人口收缩背景下经济发达地区村庄用地演变：以江苏省常熟市为例[J]. 中国科学院大学学报，2018，35(5)：645－653.

[90]张贵友. 乡村振兴背景下"空心村"治理对策研究：基于安徽省的调查[J]. 江淮论坛，2019(5)：37－42.

[91]严旭阳，汤利华，杨一介. 城乡关系视野下的空心村功能重构：动力与机理：北京密云干峪沟村"重生"案例研究[J]. 管理评论，2020，32(4)：325－336.

[92]赵苏磊. 土地政策视角的乡村精明收缩动力机制研究[D]. 厦门：厦门大学，2021.

[93]王娜，谷口洋志，李齐. 日本区域经济差距：东京：极化与地方过疏化[J]. 东岳论丛，2019，40(6)：96－105.

[94]项继权，周长友. 主体重构："新三农"问题治理的路径分析[J]. 吉首大学学报(社会科学版)，2017，38(6)：21－29.

[95]林孟清. 推动乡村建设运动：治理农村空心化的正确选择[J]. 中国特色社会主义研究，2010(5)：83－87.

[96]韩占兵. 农村人口空心化对农业生产影响效应的实证检验[J]. 统计与决策，2022，38(19)：70－75.

[97]杨明洪，王周博. 我国陆地边境地区"空心化"的类型、成因与治理[J]. 四川

师范大学学报(社会科学版),2020,47(6):13-24.

[98]崔哲浩,吴雨晴,张俊杰.边境安全视角下边疆民族地区乡村"空心化"问题研究[J].民族学刊,2023,14(1):87-94.

[99]张春娟.农村"空心化"问题及对策研究[J].唯实,2004(4):83-86.

[100]李国政.农村空心化视阈下新型农业社会化服务体系构建[J].江苏农业科学,2012,40(9):365-367.

[101]朱志猛,宋志彬,刘艳霞.农村产业空心化的不利影响、成因与治理对策:以黑龙江省为例[J].农业经济与管理,2022(6):67-77.

[102]姜姗,邬德林.新时代农村产业空心化的内涵阐释与践行路径[J].大庆社会科学,2023(3):103-106.

[103]種市豊,谷一丰.過疎地·農山村における農産物輸送の課題[J].農業市場研究,2020,29(3):25-33.

[104]陈景信,石开忠.初探劳动力转移背景下的农村人口空心化[J].南京人口管理干部学院学报,2012,28(3):5.

[105]杨静慧.空心化背景下农村养老的困境与破解[J].社会科学辑刊,2019(5):112-119.

[106]田毅鹏,闫西安.过疏化村落社会联结崩坏对脱贫攻坚成果巩固拓展的影响:基于T县过疏化村落的研究[J].南京社会科学,2021(7):57-66.

[107]杨宝琰.人口空心化背景下农村教育:挑战与对策[J].当代教育与文化,2009,21(1):64-68.

[108]陈建.乡村振兴中的农村公共文化服务功能性失灵问题[J].图书馆论坛,2019,39(7):42-49.

[109]姜爱,刘春桃.乡村"过疏化"背景下传统村落乡村精英的角色:基于鄂西南盛家坝乡E村的个案考察[J].中南民族大学学报(人文社会科学版),2019,39(5):33-37.

[110]李昕泽,余蓉晖,蔡建光,等."元治理"论域下农村公共体育服务高质量供给的现实困境与路径选择[J].天津体育学院学报,2022,37(5):578-584.

[111]戴彦,彭莉,刘鹏.乡村收缩背景下乡村景观价值衰减现象及机制研究:以重庆市大足区玉峰村为例[J].中国园林,2022,38(8):42-47.

[112]刘鸿渊.贫困地区农村"空心化"背景下的基层党组织建设研究[J].求实,2011(3):28-30.

[113]周春霞.农村空心化背景下乡村治理的困境与路径选择:以默顿的结构功能论为研究视角[J].南方农村,2012,28(3):68-73.

[114]白启鹏，闫立光．农村基层协商民主建设的问题扫描与路径建构：基于农村"空心化"现象的理性透视[J]．学术交流，2016(2)：66－71．

[115]胡小君．从维持型运作到振兴型建设：乡村振兴战略下农村党组织转型提升研究[J]．河南社会科学，2020，28(1)：52－59．

[116]韩鹏云，刘祖云．农村社区公共品自主供给的逻辑嬗变及实践指向：基于村社共同体到村社空心化的分析路径[J]．求实，2012(7)：93－96．

[117]刘蕾．人口空心化、居民参与意愿与农村公共品供给：来自山东省758位农村居民的调查[J]．农业经济问题，2016，37(2)：67－72．

[118]刘爱梅．农村空心化对乡村建设的制约与化解思路[J]．东岳论丛，2021，42(11)：92－100．

[119]祁全明．我国农村闲置宅基地的现状、原因及其治理措施[J]．农村经济，2015(8)：21－27．

[120]赵明月，王仰麟，胡智超，等．面向空心村综合整治的农村土地资源配置探析[J]．地理科学进展，2016，35(10)：1237－1248．

[121]魏盛礼．基于乡村治理逻辑的农村宅基地改革制度表达[J]．江西社会科学，2019，39(12)：216－223．

[122]于水，王亚星，杜焱强．农村空心化下宅基地三权分置的功能作用、潜在风险与制度建构[J]．经济体制改革，2020(2)：80－87．

[123]马雯秋，朱道林，姜广辉．面向乡村振兴的农村居民点用地结构转型研究[J]．地理研究，2022，41(10)：2615－2630．

[124]刘锐，阳云云．空心村问题再认识：农民主位的视角[J]．社会科学研究，2013(3)：102－108．

[125]张甜，王仰麟，刘焱序，等．多重演化动力机制下的空心村整治经济保障体系探究[J]．资源科学，2016，38(5)：799－813．

[126]冯健，叶竹．空心村整治中的多元有机规划思路：河南邓州的实践探索[J]．城市发展研究，2017，24(9)：88－97．

[127]崔继昌，郭贯成，张辉．宅基地集约利用的空心化格局：华北平原典型村庄的微观尺度分析[J]．干旱区资源与环境，2023，37(5)：94－103．

[128]张鸿雁．"社会精准治理"模式的现代性建构[J]．探索与争鸣，2016(1)：12－17．

[129]冯健，赵楠．空心村背景下乡村公共空间发展特征与重构策略：以邓州市桑庄镇为例[J]．人文地理，2016，31(6)：19－28．

[130]魏艺，宋昆，李辉．"精明收缩"视角下鲁西南乡村社区生活空间响应现状

与策略分析[J]. 中国农业资源与区划，2021，42(6)：136-145.

[131]张玉，王介勇，刘彦随. 基于文献荟萃分析方法的中国空心村整治潜力与模式[J]. 自然资源学报，2022，37(1)：110-120.

[132]刘建生，陈鑫. 协同治理：中国空心村治理的一种理论模型：以江西省安福县广丘村为例[J]. 中国土地科学，2016，30(1)：53-60.

[133]李秀美. 基于产业化发展的农业人才"回流"问题研究[J]. 中国人口·资源与环境，2012，22(6)：89-95.

[134]郑万军，王文彬. 基于人力资本视角的农村人口空心化治理[J]. 农村经济，2015(12)：100-104.

[135]陈池波，韩占兵. 农村空心化、农民荒与职业农民培育[J]. 中国地质大学学报(社会科学版)，2013，13(1)：74-80.

[136]胡思洋，梁飞. 空心化、"三土资本"与乡村振兴[J]. 西安财经学院学报，2019，32(3)：52-59.

[137]盛德荣. 农村空心化与职业教育的内在勾连[J]. 职教论坛，2013(16)：50-52.

[138]刘奉越. 可持续生计视域下职业教育促进农村"空心化"治理的逻辑[J]. 教育发展研究，2020，40(21)：63-70.

[139]张勇，路娟，林千惠. 城市入乡人才推进空心村振兴：生成逻辑、实现路径及其运行机制：基于广东省 W 村的案例分析[J]. 世界农业，2020(10)：114-122.

[140]宣朝庆，常志静，郝晶. 乡村振兴与在地乡贤培养：基于韩国新村指导者的考察[J]. 浙江学刊，2022(5)：111-119.

[141]黄开腾. 论乡村振兴与民族地区农村"空心化"治理[J]. 北方民族大学学报(哲学社会科学版)，2019(2)：51-58.

[142]苏芳，尚海洋. 农村空心化引发的新问题与调控策略[J]. 甘肃社会科学，2016(3)：158-162.

[143]宋凡金，王爱忠，王东强. 统筹城乡发展中乡村旅游开发与农村空心化治理[J]. 农业现代化研究，2015，36(5)：755-759.

[144]廖鸿冰，廖彪. 农村空心化视阈下社会服务体系构建研究[J]. 湖南社会科学，2017(3)：64-71.

[145]黄建. 农村空心化与社区建设创新[J]. 开放导报，2013(4)：22-25.

[146]徐顽强，王文彬. 乡村振兴战略背景下农村空心化治理与社区建设融合研究[J]. 农林经济管理学报，2019，18(3)：416-423.

[147]刘博，李梦莹．乡村振兴与地域公共性重建：过疏化村落的空间治理重构
　　　[J]．福建师范大学学报(哲学社会科学版)，2021(6)：88－97.

[148]曾鹏，王珊，朱柳慧．精明收缩导向下的乡村社区生活圈优化路径：以河北
　　　省肃宁县为例[J]．规划师，2021，37(12)：34－42.

[149]梁银湘．城乡一体化背景下农村"空心化"与社区建设研究[J]．中共福建省
　　　委党校学报，2013(1)：87－93.

[150]石亚灵，黄勇，肖亮．社会网络视角的乡村聚落空心化机制及规划应对：
　　　四川达州五通庙村为例[J]．城市发展研究，2023，30(4)：121－132.

[151]は山崎亮．過疎地域のコミュニティが目指す「縮充」とその方策[J]．日本
　　　地理学会発表要旨集，2023(9)：333.

[152]中共中央马克思恩格斯列宁斯大林著作编译局．马克思恩格斯文集[M]．北
　　　京：人民出版社，2009.

[153]LI W，ABIAD V．Institutions，Institutional Change and Economic Performance[J]．
　　　Social Science Electronic Publishing，1990，18(1)：142－144.

[154]康芒斯．新制度经济学：上册[M]．北京：商务印书馆，1997.

[155]郭海霞，王景新．中国乡村建设的百年历程及其历史逻辑：基于国家和社会
　　　的关系视角[J]．湖南农业大学学报(社会科学版)，2014，15(2)：74－80.

[156]刘祖云，胡蓉．论社会转型与二元社会结构：中国特色的二元社会结构研
　　　究之一[J]．中南民族大学学报(人文社会科学版)，2005(1)：82－88.

[157]杨凤城．中国人民大学中共党史系组编，中共党史重大问题研究[M]．北
　　　京：中国人民大学出版社，2018.

[158]中共中央文献研究室．毛泽东文集：第七卷[M]．北京：人民出版社，
　　　1999.

[159]谯珊．从劝止到制止：20世纪50年代的"盲流"政策[J]．兰州学刊，2017(12)：
　　　16－25.

[160]孔智祥，等．城乡大融合："三农"政策演变与趋势[M]．北京：中国人民
　　　大学出版社，2022.

[161]王桂新．新中国人口迁移70年：机制、过程与发展[J]．中国人口科学，
　　　2019(5)：2－14.

[162]许抄军，赫广义，江群．中国城市化进程的影响因素[J]．经济地理，2013，
　　　33(11)：46－51.

[163]中共中央党史研究室第二研究部．《中国共产党历史》第二卷注释集[M]．
　　　北京：中共党史出版社，2012.

[164]顾洪章.中国知识青年上山下乡始末[M].北京：人民日报出版社，2009.

[165]蔡昉.城乡收入差距与制度变革的临界点[J].中国社会科学，2003(5)：16－25.

[166]吴俊松.1980年代农民工总人数约1.2亿75％出自乡镇企业[N/OL].(2011－07－01)[2023－12－15].http：//news.sohu.com/20110701/n312188157.shtml.

[167]王景新.中国农村土地制度变迁30年：回眸与瞻望[J].现代经济探讨，2008(6)：5－11.

[168]聂庆华，包浩生.中国基本农田保护的回顾与展望[J].中国人口·资源与环境，1999(2)：33－37.

[169]刘奉越.城乡关系下农村"空心化"的演进历程及发展走向[J].河北大学学报(哲学社会科学版)，2023，48(6)：11－19.

[170]王美艳，蔡昉.户籍制度改革的历程与展望[J].广东社会科学，2008(6)：19－26.

[171]杨涛，王雅鹏.农村耕地抛荒与土地流转问题的理论探析[J].调研世界，2003(2)：15－19.

[172]李周.农民流动：70年历史变迁与未来30年展望[J].中国农村观察，2019(5)：2－16.

[173]徐汉明.中国农民土地持有产权制度研究[M].北京：社会科学文献出版社，2004.

[174]温涛，王煜宇.政府主导的农业信贷、财政支农模式的经济效应：基于中国1952—2002年的经验验证[J].中国农村经济，2005(10)：20－29.

[175]曾俊燕.集体建设用地制度改革下对广州市新一轮村庄规划的思考[J].中华民居，2014(3)：54－55.

[176]郁静娴.去年返乡入乡创业创新人员达1010万 比2019年增加160万人[N/OL].(2021－03－16)[2024－02－05].https：//www.gov.cn/xinwen/2021－03/16/content_5593210.htm.

[177]郁静娴.推动提升现代农业全产业链标准化水平[N/OL].(2023－12－15)[2024－02－05].https：//www.gov.cn/yaowen/liebiao/202312/content_6920388.htm.

[178]农业农村部：2022年全国规上农产品加工企业营业收入超过19万亿元[EB/OL].(2023－10－23)[2024－02－05].https：//news.cctv.com/2023/10/23/ARTIHpWMb9PDunYGPrPOUbVQ231023.shtml.

[179]全球化智库(CCG)课题组. 推进宅基地制度改革，为我国经济稳定发展及实现共同富裕注入新动力[R/OL]. (2024 - 01 - 26)[2024 - 02 - 05]. https：//www. thepaper. cn/newsDetail _ forward _ 26195380.

[180]邵海鹏. 专访蔡继明：全面总结土改有益探索[EB/OL]. (2021 - 03 - 04)[2024 - 02 - 05]. https：//www. yicai. com/news/100966700. html.

[181]高帆. 农村劳动力非农化的三重内涵及其政治经济学阐释[J]. 经济纵横，2020(4)：10 - 19.

[182]曹瑾，堀口正，焦必方，等. 日本过疏化地区的新动向：特征、治理措施及启示[J]. 中国农村经济，2017(7)：85 - 96.

[183]ALUN S M J. Placing Voluntarism with in Evolving Spaces of Carein Ageing Rural Communities[J]. GeoJournal，2011，76(4)：151 - 162.

[184]王文龙. 中国合村并居政策的异化及其矫正[J]. 经济体制改革，2020(3)：66 - 72.

[185]费孝通. 乡土中国[M]. 北京：商务印书馆，2011.

[186]朱炳祥. 地域社会的构成：整体论的视角：以摩哈苴彝族村和周城白族村为例[J]. 中南民族大学学报(人文社会科学版)，2011，31(3)：1 - 9.

[187]刘守英，龙婷玉. 城乡转型的政治经济学[J]. 政治经济学评论，2020，11(1)：97 - 115.

[188]刘鸿渊，蒲萧亦. 乡村振兴视角下的村庄异质化及其策略选择[J]. 经济体制改革，2020(3)：73 - 79.

[189]高帆. 城乡融合发展如何影响中国共同富裕目标的实现[J]. 中国经济问题，2022(5)：12 - 24.

[190]黎洁，李亚莉，邰秀军，等. 可持续生计分析框架下西部贫困退耕山区农户生计状况分析[J]. 中国农村观察，2009(5)：29 - 38.

[191]苏芳. 可持续生计：理论、方法与应用[M]. 北京：中国社会科学出版社，2015.

[192]尹稚，袁昕，卢庆强，等. 中国都市圈发展报告 2018[M]. 北京：清华大学出版社，2019.

[193]余航，周泽宇，吴比. 城乡差距、农业生产率演进与农业补贴：基于新结构经济学视角的分析[J]. 中国农村经济，2019(10)：40 - 59.

[194]韩川. 城镇化与城乡公共服务均等化关系研究[J]. 经济问题探索，2016(7)：79 - 84.

[195]赵颖文，吕火明. 刍议改革开放以来中国农业农村经济发展：主要成就、

问题挑战及发展应对[J].农业现代化研究，2019，40(3)：377-386.

[196]苏碧芳.统筹城乡户籍制度改革与农村人口空心化：挑战与应对[J].安徽农业科学，2011，39(36)：22725-22726.

[197]饶传坤.日本农村过疏化的动力机制、政策措施及其对我国农村建设的启示[J].浙江大学学报（人文社会科学版），2007(6)：147-156.

[198]焦必方.伴生于经济高速增长的日本过疏化地区现状及特点分析[J].中国农村经济，2004(8)：73-79.

[199]田毅鹏.20世纪下半叶日本的"过疏对策"与地域协调发展[J].当代亚太，2006(10)：51-58.

[200]伊藤善市.地域活性化的战略：差别、集聚和交流[M].东京都：有斐阁，1993.

[201]堀口正.一村一品运动的起源及其发展过程[J].经济学论集，2013，52：53-69.

[202]张建，陆素菊.日本农业教育体系研究概况[J].中国职业技术教育，2015(10)：70-73.

[203]齐美怡，曹晔.日本现代农业职业教育体系建设及对我国的启示[J].职教论坛，2014(10)：85-90.

[204]原野，师学义，牛姝烨，等.基于GWR模型的晋城市村庄空心化驱动力研究[J].经济地理，2015，35(7)：148-155.

[205]王国刚，刘彦随，王介勇.中国农村空心化演进机理与调控策略[J].农业现代化研究，2015，36(1)：34-40.

[206]徐忠国，卓跃飞，吴次芳，等.农村宅基地三权分置的经济解释与法理演绎[J].中国土地科学，2018，32(8)：16-22.

[207]黄鹤.精明收缩：应对城市衰退的规划策略及其在美国的实践[J].城市与区域规划研究，2017，9(2)：164-175.

[208]游猎，赵民.我国农村人居空间变迁探索：精明收缩规划理论与实践[M].北京：中国建筑工业出版社，2020.

[209]鄢德奎，林利芳.从建构秩序到自发秩序：乡村国土空间规划的问题与出路[J].安徽乡村振兴研究，2023(2)：43-51.

[210]陈润羊，高云虹.县域乡村振兴的路径研究：以甘肃省甘谷县为例[J].兰州财经大学学报，2019，35(5)：27-40.

[211]杜国明，于佳兴，刘美.县域乡村振兴规划编制的理论基础与实践[J].农业经济与管理，2018(5)：11-19.

［212］仇叶．论小城镇激活乡村地域系统的作用机制［J］．中国特色社会主义研究，
　　　　2020(4)：64 - 73.

［220］赵潇欣，姚鑫，杨迪．从城市到乡村："乡村振兴"背景下我国建筑师的实
　　　　践转向与可持续社区模式讨论［J］．现代城市研究，2020(11)：76 - 82.

［213］刘述良．通往健全乡村之路：基于协同治理的视角［J］．南京社会科学，
　　　　2021(10)：56 - 61.

［214］李珺，陈文胜．全面推进乡村振兴中的乡村规划研究［J］．湖北民族大学学
　　　　报(哲学社会科学版)，2023，41(3)：118 - 128.

［215］贺雪峰．农民进城与县域城市化的风险［J］．社会发展研究，2021，8(3)：
　　　　11 - 20.

［216］刘祖云，姜姝．"城归"：乡村振兴中"人的回归"［J］．农业经济问题，2019(2)：
　　　　43 - 52.

［217］杨祥雪．"双循环"下我国城镇化发展：形势，思路与对策［J］．中国经贸导
　　　　刊，2021(12)：4.

［218］余侃华，王嘉伟，苏站站．基于镇域尺度的空心村生态治理与空间传导机制
　　　　研究：以陕西省恒口"镇级市"改革示范区为例［J］．生态经济，2022，38(8)：
　　　　182 - 188.

［219］童玉芬．人口老龄化过程中我国劳动力供给变化特点及面临的挑战［J］．人
　　　　口研究，2014(2)：52 - 60.

附录

乡村收缩现象调查表

亲爱的_____村父老乡亲：

    本次调研主要调查本地区广大群众对"农村空心化"现象的感受及想法，以便能够通过有效途径缓解"空心化"给农村群众带来的种种问题，继而采取有效措施帮助本地区的广大群众解决生活上的困扰。此次问卷采取无记名形式，希望大家表露自己的真实想法，我们保证您的信息及答案不会泄露，请不要有任何顾虑，感谢您的参与。本村距离县城_____千米。

一、人口

1. 您的性别（　　）

A. 男　　　　　　　　B. 女

2. 您的年龄（　　）

A. 29 岁及以下　　B. 30～49 岁　　C. 50～60 岁　　D. 60 岁以上

3. 您的文化程度是（　　）

A. 识字很少　　　B. 小学　　　　C. 初中　　　　D. 高中

E. 大专及以上

4. 家里有几口人（　　）

A. 1 人　　　　　　B. 2 人　　　　C. 3 人　　　　D. 4 人

E. 5 人　　　　　　F. 6 人以上

5. 家里有几个青壮年劳动力（　　）

A. 1 人　　　　　　B. 2 人　　　　C. 3 人　　　　D. 4 人及以上

E. 无

6. 家里劳动力外出务工的有几人（　　）

A. 无　　　　　　　B. 1 人　　　　C. 2 人　　　　D. 3 人及以上

7. 家里在外读书的有几人（　　）

A. 无　　　　　　　B. 1 人　　　　C. 2 人　　　　D. 3 人及以上

8. 家里劳动力外出务工，一般去的城市是（　　）

A. 北京、上海、广州等大城市　　　B. 新疆　　　　C. 青海

D. 兰州　　　　　　　　E. 云南、贵州等地　　　　　　　　F. 县域内

G. 外市　　　　　　　　H. 其他

9. 您家有几个老人（　　　）

A. 没有　　　　　　　B. 1 个　　　　　　C. 2 个　　　　　　D. 3 个及以上

10. 您家老人的身体状况为（　　　）

A. 健康　　　　　　　　　　　　　B. 亚健康（有一些疾病但不严重）

C. 疾病缠身　　　　　　　　　　　D. 病情严重

11. 您家的老人居住情况

A. 独居　　　　　　　　　　　　　B. 与老伴相依为命

C. 与儿女生活　　　　　　　　　　D. 与幼儿生活

12. 您家有几个留守儿童（　　　）

A. 没有　　　　　　　B. 1 个　　　　　　C. 2 个　　　　　　D. 3 个及以上

13. 您对城市户口向往吗（　　　）

A. 向往　　　　　　　B. 不向往　　　　　C. 没感觉

14. 如果未来农业收入有很大改善，教育资源和城市相差不大，农村基础设施完善，农副业和农村工业的发展为您提供岗位，您是在家务农还是希望到城里务工（　　　）

A. 在家乡，有钱难买家乡好

B. 在家乡，家乡工业发展了，未来肯定有希望

C. 在家乡，有收入了，老人孩子也可以照顾

D. 去城市，更高的收入吸引人

E. 去城市，更高的收入使得以后在城市定居

F. 去城市，追求更大的世界

二、土地

1. 您家里的年收入大概是多少（　　　）

A. 5000 元及以下　　　　　　　　　B. 5001~10000 元

C. 10001~20000 元　　　　　　　　D. 20001~30000 元

E. 30001~40000 元　　　　　　　　F. 40000 元以上

2. 您家庭收入主要来源（　　　）

A. 外出务工或经商所得　　　　　　B. 务农所得

C. 养老金所得　　　　　　　　　　D. 财政补贴所得

E. 信贷所得　　　　　　　　　　　F. 在家附近务工所得

G. 在家经商所得　　　　　　　　F. 其他所得

3. 您家里有几亩地_____

4. 您家承包土地的情况是(　　)

A. 自己种植　　　　B. 承包给别人种植　　　C. 建房　　　　D. 退耕还林

E. 抛荒　　　　　　F. 半抛荒　　　　　　　G. 其他

5. 您喜欢种地吗(　　)

A. 喜欢　　　　　　B. 较喜欢　　　　　C. 一般　　　　　D. 不喜欢

6. 您认为从 20 世纪到现在，村子里的农产品，如粮食，是增加还是减少
(　　)

A. 绝对增加了　　　　　　　　　B. 相对增加了

C. 绝对减少了　　　　　　　　　D. 相对减少了

E. 基本没有变

7. 您认为村子里从 20 世纪到现在，农村经济项目增加了那些(　　)

A. 基本没有增加　　　　　　　　B. 增加很少

C. 增加了种植业　　　　　　　　D. 增加了养殖业

E. 增加了林牧业　　　　　　　　F. 增加了农村手工业

G. 增加了农村旅游休闲业　　　　H. 增加了农村工业

I. 增加了工农业相结合的乡镇企业

8. 您觉得家里的月收入和城市居民月收入比起来差距大吗(　　)

A. 没有差距　　　　　　　　　　B. 有一些差距，但不算大

C. 一般，正常差距　　　　　　　D. 差距比较大

E. 差距很大　　　　　　　　　　F. 差距非常大，有些望尘莫及

三、房屋

1. 您家的住房情况是(　　)

A. 老宅　　　　　　B. 新宅(近几年修的)　　　C. 老宅新宅一起用

2. 对于您家房屋修建情况(　　)

A. 不再新修，使用老宅　　　　　B. 正计划修建新宅

C. 已修新宅但未欠款　　　　　　D. 已修新宅并因此欠款

E. 计划在城镇购买住宅

3. 您家在城镇是否有住宅(　　)

A. 有，无欠款　　　B. 有，有欠款　　　　　C. 没有

4. 您家是否有因人员外出而闲置的房屋（　　　）

A. 有　　　　　　　　B. 没有　　　　　　　C. 其他

四、基础设施

1. 你家附近的交通状况（　　　）

A. 有标准柏油路　　B. 石子路　　　　　C. 泥泞土路　　　D. 其他

2. 村里面的基础设施情况（　　　）

A. 道路基本完善　　　　　　　　　　B. 有公共健身场所及设备

C. 有医疗保健室　　　　　　　　　　D. 有完善的社区保障

3. 村里是否有小型工厂（　　　）

A. 有　　　　　　　　B. 无

4. 您对村里的基础设施，如交通、体育文化广场、卫生站等满意吗（　　　）

A. 满意　　　　　　　B. 比较满意　　　C. 一般　　　　　D. 不太满意

E. 很不满意

5. 您对村里水资源保障是否满意（　　　）

A. 满意　　　　　　　B. 基本满意　　　C. 不满意

6. 家中老人都有什么保险（　　　）

A. 养老保险　　　　　B. 医疗保险　　　C. 最低社会保障　D. 其他

E. 无保险

7. 你家有有线电视吗（　　　）

A. 有　　　　　　　　B. 没有

8. 你家有无线网络吗（　　　）

A. 有　　　　　　　　B. 没有

9. 您的日常开支主要集中于那几项（　　　）

A. 食品消费　　　　　B. 房屋修缮　　　C. 子女教育　　　D. 婚丧嫁娶

E. 人情客住　　　　　F. 看病就医　　　G. 其他

10. 近年来，村里传统集会活动是否衰退（　　　）

A. 是　　　　　　　　B. 不是

11. 您对基础设施的改善有什么要求＿＿＿＿＿＿＿＿＿＿＿＿＿＿＿＿＿

五、教育

1. 村里面的教育情况（　　　）（多选）

A. 有幼儿园　　　　　B. 有小学　　　　C. 有初中　　　　D. 其他

2. 留守儿童教育情况为（　　　）

A. 在当地上学　　　B. 外地寄宿制学校　　　C. 无留守儿童

3. 您对村里的教育资源持什么看法（　　　）

A. 学校基础建设落后　　　　　　　B. 村里孩子不能全方面发展

C. 师资力量不足　　　　　　　　　D. 学校没有重视留守儿童的教育

4. 如果你有经济实力，会不会送小孩去城里上学（　　　）

A. 会　　　　　　　B. 不会　　　　　　　C. 不一定

六、组织

1. 村委会是否定期召开会议（　　　）

A. 是　　　　　　　B. 否　　　　　　　C. 偶尔

2. 您所在的村子里有哪些正式组织（　　　）（多选）

A. 党组织　　　　　B. 村委会　　　　C. 村民代表会　　　D. 村民小组

3. 您认为本村党组织党员队伍素质怎样（　　　）

A. 好　　　　　　　B. 比较好　　　　C. 一般　　　　　　D. 差

4. 您认为村委会组织成员的年龄结构是否合理（　　　）

A. 合理　　　　　　B. 不合理，年龄偏大

5. 您是否信任本村的村委会组织（　　　）

A. 很信任　　　　　B. 比较信任　　　C. 一般　　　　　　D. 不信任

6. 您认为本村村委会的最主要功能是什么（　　　）

A. 管理本村村务　　B. 服务本村村民　　C. 执行乡镇政府分派的政务

7. 您认为目前制约本村发展的最大问题是什么＿＿＿＿＿＿＿＿＿＿＿